明星分析师关注、数字技术创新与经济高质量发展

——来自团队异质性的启发

○夏范社 著

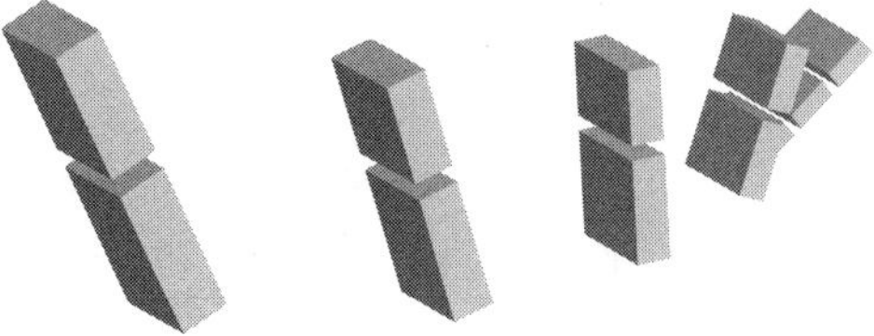

图书在版编目（CIP）数据

明星分析师关注、数字技术创新与经济高质量发展：来自团队异质性的启发 / 夏范社著. -- 北京：经济管理出版社，2024. -- ISBN 978-7-5096-9864-8

Ⅰ. TP274

中国国家版本馆 CIP 数据核字第 2024XV6716 号

责任编辑：张馨予
责任印制：许　艳
责任校对：王淑卿

出版发行：经济管理出版社
（北京市海淀区北蜂窝 8 号中雅大厦 A 座 11 层　100038）
网　　址：www. E-mp. com. cn
电　　话：（010）51915602
印　　刷：唐山玺诚印务有限公司
经　　销：新华书店
开　　本：720mm×1000mm/16
印　　张：8.75
字　　数：159 千字
版　　次：2024 年 8 月第 1 版　　2024 年 8 月第 1 次印刷
书　　号：ISBN 978-7-5096-9864-8
定　　价：58.00 元

序　言

数字经济在复杂的国际环境下，对生产力、生产关系、劳动对象等提出新的要求，如何有效推进数字经济发展与国际化进程，保障中国数字经济安全，成为当下中国数字经济高质量发展亟待解决的难题。数字技术创新作为中国数字经济发展的核心支撑，在新质生产力情境下，如何发挥数字技术创新驱动作用，赋能经济高质量发展与产业链供应链升级，成为当下亟待解决的问题。

数字技术创新既是发展命题，又是安全命题。数字技术创新作为中国数字经济发展的第一动力，为企业高质量发展、产业升级、国家创新驱动战略实施，提供了重要“弯道超车”机遇。数字技术创新具有较高的行业壁垒和瓶颈，尤其是中国数字企业存在强者恒强的“马太效应”。数字技术创新叠加大数据、区块链、物联网、人工智能等技术，中小企业囿于自身资源有限，可能存在“数字鸿沟”问题，如何有效地解读企业数字技术创新，引导资本市场数字技术创新资源配置，分析师作为重要的行业研究专家与资本市场信息中介，发挥着重要作用。

分析师作为资本市场中介和重要参与者，能否发挥信息中介作用，一直存在“信息观”和“噪音观”的争议。明星分析师作为分析师的“风向标”，是否具有更强的研究能力解读企业数字技术创新，是“名副其实”还是“名不副实”，可能的驱动因素、作用机制、经济后果等有哪些？现有研究鲜有涉及，亟待拓展。

按照“提出问题—分析问题—解决问题”的思路，本书重点解决不同行为特质明星分析师的特殊作用、数字经济监管对数字技术创新影响。基于资本市场中观视角，聚焦不同行为特质的明星分析师，对更好地探索“宏观”政策与企业“微观”实践，寻求数字技术创新政策顶层设计优化与微观企业实践路径衔接，提供应对之策。

在数字经济国际化浪潮中，中国需融入高标准国际数字经贸规则，体现“中国之声”与“中国之治”。同时，数字经济监管需要正确处理数字技术创新发展与安全的辩证关系，更好地推进中国数字技术创新高质量发展。本书对中国制造业高质量发展、数字化转型、明星分析师与资本市场高质量发展研究提供重要的理论支撑和现实决策参考依据，有助于数字新质生产力在中国的实践，赋能经济高质量发展。

夏范社

目　录

第一章　导论

第一节　研究意义

数字经济作为中国经济高质量发展的重要引擎，为中国企业高质量发展提供重要“弯道超车”机遇。数字经济通过融合最新的数字技术相关成果，对缓解信息不对称、提升创新透明度、突破行业壁垒、拓展研发行为合作联盟、强化技术合作等方面发挥正向作用。随着中国经济总量跃居世界前列，中国经济正面临着增量提质的重要“爬坡”阶段。但是在复杂的国际环境下，中国数字企业在深度参与高标准国际数字经贸规则的制定过程中依旧困难重重。高标准国际数字经贸规则由美国主导，美国基于自身的数字技术发展优势和科研优势，将其上升为国际数字经贸规则标准，采用高标准、高要求模式，同时嵌套众多涉及国家意识形态与准入门槛的诸多限制条件，将众多的发展中国家“游离”到高标准的数字经贸之外。数字经济在当前复杂的国际环境下，对生产力、生产关系、劳动对象等提出新的要求，如何有效推进数字经济发展与国际化进程，保障中国数字经济安全，成为当下中国数字经济高质量发展亟待解决的难题。数字技术创新作为中国数字经济发展的核心支撑，在新质生产力情境下，对数字经济与实体经济融合提出新的诉求，如何发挥数字经济创新驱动作用，更好赋能经济高质量发展与产业链供应链升级，成为当下亟待解决的问题。

数字技术创新具有较高的行业壁垒和瓶颈，尤其是中国数字企业存在强者恒强的“马太效应”。由于数字技术创新叠加大数据、区块链、物联网、人工智能等，中小企业囿于自身资源有限，可能存在“数字鸿沟”问题，如何有效解读企业数字技术创新，引导资本市场数字技术创新资源配置，分析师作为行业研究专家，发挥重要作用。分析师作为资本市场中介，主要收入来源为买方机构佣金与派点等，加之中国复杂的资本市场情境，分析师能否发挥信息中介作用，一直存在“信息观”和“噪音观”的争议。明星分析师作为分析师的“风向标”，是否具有更强的研究能力解读企业数字技术创新，是“名副其实”还是“名不副实”，可能的驱动因素、作用机制、经济后果等有哪些？现有研究鲜有涉及，亟待拓展。

第二节　主要创新点与学术贡献

本书的主要创新点和边界贡献如下：

第一，丰富了资本市场中观视角与企业数字技术创新的联动效应研究。基于中国资本市场中观研究视角，探讨了明星分析师对企业数字技术创新影响及其内在机制。在中国作为新兴发展中国家的特殊情境下，分析师能否发挥信息中介作用，一直存在“信息观”和“噪音观”的争议。数字技术创新作为数字经济的重要成果，由于叠加众多数据要素和相关专利，存在较大的“数字鸿沟”。明星分析师作为分析师代表，在众多的分析师评选活动中胜出，能否实现对企业数字技术创新的有效解读，既关系明星分析师“名副其实”与“名不副实”争议，又关系资本市场数字资源创新效率提升。本书以明星分析师为研究对象，研究其对企业数字技术创新的影响及作用机制等，增加了明星分析师与企业数字技术创新研究的相关理论与文献，对更好地理解明星分析师行为特质与特殊作用，提供新的边际贡献。

第二，增加了不同排名明星分析师团队行为特质的差异化研究。本书增加了明星分析师团队异质性的相关文献，通过对不同类型的明星分析师团队行为特质进行研究，对深度认知明星分析师在中国资本市场客观作用，提供新的边际贡献。现有研究成果主要聚焦分析师整体，缺乏对不同排名分析师的差异化研究，本书以明星分析师异质性视角切入，对于更好理解和认知明星分析师的行为特征，提供了新的边际贡献。

第三，构建明星分析师异质性指标，主要从明星分析师第一名关注与明星分析师非第一名关注两个维度来展开研究，有助于深度解读明星分析师对数字技术创新和公司价值的影响，为资本市场定价效率相关理论与文献提供新的边际贡献。通过采用文本研究方法构建明星分析师第一名关注与明星分析师非第一名关注，对于更好认知明星分析师对数字技术创新与公司价值的专业胜任能力，提供新的启发和参考。

第四，增加了不同行为特质明星分析师对数字技术创新的作用机制、经济后果等方面的相关研究。本书丰富了明星分析师团队异质性对数字技术创新与公司价值影响因素、作用机制等方面的相关研究，从资本市场中观视角搭建起对数字化转型的宏观政策解读与企业数字技术创新微观实践的“桥梁”。分析师对企业创新行为存在“压力说”和“动力说”的争议，本书创新性地引入明星分析师第一名关注与明星分析师非第一名关注两个维度，研究其对数字技术创新与公司价值作用机制，有助于探索企业数字技术创新与公司价值提升路径，实现具体实践方案的“精准发力”。

第五，本书创新性地从技术领域视角做到对企业数字技术创新的有效识别，构建了衡量企业数字技术创新活动的关键指标，弥补现有文献对微观层面企业数字技术创新衡量相对不足的局限性。通过采用 IPC 识别企业数字技术创新，构建较为全面反映中国上市公司数字技术创新的指标，将企业数字技术创新与非数字技术创新进行有效区分和界定，实现对企业数字技术创新的“精准识别”。

第六，为制造业高质量发展、数字化转型、明星分析师与资本市场高质量发展，提供了重要的理论支撑和现实决策参考依据。中国制造业作为中国经济的重要“压舱石”，当前依旧面临来自发达国家的高端挤压与中低发展中国家的低端挤压，需要制造业产业的结构优化升级和高质量发展，来应对各种冲击和挑战，数字技术创新与数字化转型提供了重要的战略机遇。由于资本市场数字化进程中面临着“数字鸿沟”问题，因此需要发挥明星分析师的信息中介作用，有效甄别数据要素与数据资源等，通过数字化资源的供需匹配，加快数字技术创新进程。因此，本书对制造业高质量发展、数字化转型提供重要的理论支撑与决策参考依据。随着中国“双循环”与对外开放的进程加快，如何发挥明星分析师的信息中介作用，引导和规范明星分析师的高质量发展，更好地助力实体经济发展，本书也提供了重要的启发和决策参考依据。

第七，丰富了新兴发展中国家数字监管的相关研究，为更好地制定数字经济监管政策，探索数字经济监管最优路径，促进数字技术创新增量提质，提供重要启发。在数字经济国际化浪潮中，中国需融入高标准国际数字经贸规则，体现“中国之声”与“中国之治”。同时，数字经济监管需要正确处理数字技术创新发展与安全的辩证关系，更好地推进中国数字技术创新高质量发展。本书基于明星分析师中观研究视角，提供重要的决策参考依据。

第三节　研究内容

本书按照“提出问题—分析问题—解决问题”的思路，提出问题部分主要聚焦新质生产力、数字技术创新、明星分析师的发展概况，通过文献梳理，重点解决不同行为特质明星分析师对数字技术创新的影响机理。分析问题部分主要采用实证研究，重点解决不同行为特质明星分析师团队的特殊作用、数字经济监管对数字技术创新影响。解决问题部分基于资本市场中观视角，聚焦不同行为特质的明星分析师，对更好地探索“宏观”政策与企业“微观”实践，寻求数字技术创新政策顶层设计与优化微观企业实践路径，提供应对之策。

第二章　文献梳理与评论

第一节　新质生产力文献回顾

新质生产力由习近平总书记于2023年9月7日提出，新质生产力为中国经济高质量发展与中国式现代化提供重要动力，如何发挥新质生产力的引擎作用，数字经济成为当下中国经济发展的第一动力。新质生产力作为马克思主义中国化的最新理论创新，主要观点论述如表2-1至表2-6所示。

表2-1　情境1：新质生产力“雏形”

时间	会议名称	主要观点	情境	数字经济相关论述
2023年9月7日	习近平总书记参加新时代推动东北全面振兴座谈会	要积极培育新能源、新材料、先进制造、电子信息等战略性新兴产业，积极培育未来产业，加快形成新质生产力，增强发展新动能	东北全面振兴	未论述

续表

时间	会议名称	主要观点	情境	数字经济相关论述
2023年9月8日	习近平总书记听取黑龙江省委和省政府工作汇报	整合科技创新资源，引领发展战略性新兴产业和未来产业，加快形成新质生产力	要以科技创新引领产业全面振兴	未论述

注释：新质生产力在习近平总书记考察黑龙江时提出，主要结合东北振兴情境，寻求产业转型与升级，重振中国工业基地，主要提出以科技创新为驱动因素，重点发展战略性新兴产业和未来产业，为新质生产力的“雏形”。东北地区作为中国的老工业基地，面临产业升级关键问题，东北地区作为中国重工业基地，面临产业调整、制造业振兴等问题，新质生产力背景下，要积极寻求产业转型之路，通过科技创新引领产业振兴，重点布局新能源、新材料、电子信息等战略性新兴产业，通过新质生产力赋能传统产业，引领产业全面振兴。

表 2-2　情境 2：新质生产力与新型工业化

时间	会议名称	主要观点	情境	数字经济相关论述
2023年12月11~12日	习近平总书记参见中央经济工作会议	深化供给侧结构性改革，核心是以科技创新推动产业创新，特别是以颠覆性技术和前沿技术催生新产业、新模式、新动能，发展新质生产力	以科技创新引领现代化产业体系建设	要大力推进新型工业化，发展数字经济，加快推动人工智能发展。打造生物制造、商业航天、低空经济等若干战略性新兴产业，开辟量子、生命科学等未来产业新赛道，广泛应用数智技术、绿色技术，加快传统产业转型升级

续表

时间	会议名称	主要观点	情境	数字经济相关论述
2024 年 1 月 19 日	习近平总书记参加“国家工程师奖”首次评选表彰大会	希望全国广大工程技术人员坚定科技报国、为民造福理想，勇于突破关键核心技术，锻造精品工程，推动发展新质生产力，加快实现高水平科技自立自强，服务高质量发展，为中国式现代化全面推进强国建设、民族复兴伟业作出更大贡献	全国广大工程技术人员，坚定科技报国为民造福理想，加快实现高水平科技自立自强服务高质量发展	未涉及

注释：习近平参加中央经济会议中，对新质生产力形成较为完整的论述，主要聚焦现代化产业体系建设，其中提出要发展数字经济，加快推动人工智能发展。主要原因如下：

当前数字经济成为各大国家竞争力的重要组成部分，数字经济通过采用数字技术创新技术，正在重塑商业模式与贸易模式。由于美国在数字经济领域具有较大的优势，在同发展中国家合作过程中，强行推进自身的技术标准与市场准入要求，可能将发展中国家“游离”在数字经济领域的国际经贸规则制定权之外，难以体现发展中国家诉求。中国具有大量的数字企业，由于数字经贸规则的相对欠缺，经常受到来自美国的技术管制与封锁，如华为技术封锁、对中国数字企业出口限制、源代码开放问题、知识产权保护等，对中国数字企业发展与产业升级带来巨大挑战。对中国而言，数字经济既是发展问题，又是安全问题，迫切需要数字技术创新支撑，重视科技人才的培育工作，习近平总书记参加“国家工程师奖”首次评选表彰大会就是重要的表现，代表中央对科技人才的高度重视。

表 2-3 情境 3：新质生产力与数字经济

时间	会议名称	主要观点	情境	数字经济相关论述
2024 年 1 月 31 日	习近平总书记主持党的二十届中央政治局第十一次集体学习时强调	新质生产力是创新起主导作用，摆脱传统经济增长方式、生产力发展路径，具有高科技、高效能、高质量特征，符合新发展理念的先进生产力质态。它由技术革命性突破、生产要素创新性配置、产业深度转型升级而催生，以劳动者、劳动资料、劳动对象及其优化组合的跃升为基本内涵，以全要素生产率大幅度提升为核心标志，特点是创新，关键在质优，本质是先进生产力。科技创新能够催生新产业、新模式、新动能，是发展新质生产力的核心要素。必须加强科技创新特别是原创性、颠覆性科技创新，加快实现高水平科技自立自强，打好关键核心技术攻坚战，使原创性、颠覆性科技创新成果竞相涌现，培育发展新质生产力的新动能。①要围绕发展新质生产力布局产业链，提升产业链供应链韧性和安全水平，保证产业体系自主可控、安全可靠。②绿色发展是高质量发展的底色，新质生产力本身就是绿色生产力。③生产关系必须与生产力发展要求相适应。发展新质生产力，必须进一步全面深化改革，形成与之相适应的新型生产关系。④要按照发展新质生产力要求，畅通教育、科技、人才的良性循环，完善人才培养、引进、使用、合理流动的工作机制。要根据科技发展新趋势，优化高等学校学科设置、人才培养模式，为发展新质生产力、推动高质量发展培养急需人才。要健全要素参与收入分配机制，激发劳动、知识、技术、管理、资本和数据等生产要素活力，更好体现知识、技术、人才的市场价值，营造鼓励创新、宽容失败的良好氛围	发展新质生产力是推动高质量发展的内在要求和重要着力点	要围绕推进新型工业化和加快建设制造强国、质量强国、网络强国、数字中国和农业强国等战略任务，科学布局科技创新、产业创新。要大力发展数字经济，促进数字经济和实体经济深度融合，打造具有国际竞争力的数字产业集群

注释：习近平总书记在主持党的二十届中央政治局第十一次集体学习时，对新质生产力进行了详细阐述，对新质生产力的科学内涵、发展模式、实践路径等进行系统阐述。其中，产业链重点解决发展与安全的辩证关系，绿色发展要重视可持续发展，遵从生产关系与生产力发展相适应的客观经济规律，畅通教育、科技、人才体制机制，对新质生产力提供重要人才支撑。其中，对数字经济和实体经济融合发展提出要求，目标为打造国际竞争力的数字产业集群。通过系统阐述新质生产力，对科学认识新质生产力、新质生产力发展理念、如何发展新质生产力等，提出较为详细的论述。对于数字经济领域，会议提出要大力发展数字经济，促进数字经济与实体经济深度融合，究其原因：一方面，数字经济作为中国经济高质量发展的驱动力。数字经济融合数字技术创新的最新成果，成为经济转型与高质量发展的重要抓手。另一方面，随着数字经济的全球化浪潮，数字技术创新嵌套到实体经济中，对打造新的商业应用情境、创造新的市场需求、推进技术迭代、增强消费者用户体验感等发挥重要作用。中国目前数字经济发展总量已经跃居世界前列，如何通过数字化转型，赋能产业链供应链优化升级，打造数字经济的集聚效应，构建具有国际竞争力的数字产业集群，成为当下经济发展的关键。

表 2-4　情境 4：新质生产力路径探索

时间	会议名称	主要观点	情境	数字经济相关论述
2024 年 2 月 2 日	习近平总书记参加天津市委和市政府工作汇报	天津作为全国先进制造研发基地，要发挥科教资源丰富等优势，在发展新质生产力上勇争先、善作为。要坚持科技创新和产业创新一起抓，加强科创园区建设，加强与北京的科技创新协同和产业体系融合，合力建设世界级先进制造业集群	天津发挥全国先进制造研发基地优势，加强与北京的科技创新协同和产业体系融合，合力建设世界级先进制造业集群	未论述

续表

时间	会议名称	主要观点	情境	数字经济相关论述
2024年2月29日	习近平总书记主持党的二十届中央政治局第十二次集体学习	要瞄准世界能源科技前沿，聚焦能源关键领域和重大需求，合理选择技术路线，发挥新型举国体制优势，加强关键核心技术联合攻关，强化科研成果转化运用，把能源技术及其关联产业培育成带动我国产业升级的新增长点，促进新质生产力发展	要统筹好新能源发展和国家能源安全，坚持规划先行、加强顶层设计、搞好统筹兼顾，注意处理好新能源与传统能源、全局与局部、政府与市场、能源开发和节约利用等关系，推动新能源高质量发展	未论述

注释：由于中国存在较大的地区差异，要发挥一线城市在数字经济的引领、辐射和带动效应，北京作为中国的政治、经济、文化中心，要发挥科研优势，带动周边经济发展，对标高标准世界先进制造业集群，如打造京津冀经济圈，2024年2月2日，习近平总书记参加天津市委和市政府工作汇报，提出天津要发挥制造业优势，强化对北京科技创新协同和产业体系融合，合力建设世界级先进制造业集群，发展新质生产力。中国作为制造业大国，能源安全对制造业生产链供应链安全发挥重要作用，中国现行的主要能源供应方式为电力，主要以煤炭驱动的火电为主，随着全球能源价格提升，天然气、石油等能源价格大幅提升。中国集结全球光伏的主要产量，当前也面临着美国和欧盟国家对光伏等相关产业的贸易制裁与倾销案件频发。如何提升能源的自主性与可控性，直接关系中国制造业的综合成本，关系着中国制造业升级与高质量发展，对新质生产力具有重大影响，成为当下经济发展迫切需要解决的现实问题。

表 2-5　情境 5：新质生产力与现代化产业体系建设

时间	会议名称	主要观点	情境	数字经济相关论述
2024 年 3 月 5 日	国务院总理李强代表国务院，向十四届全国人大常委会第二次会议作政府工作报告	大力推进现代化产业体系建设，加快发展新质生产力。主要包括推动产业链供应链优化升级。积极培育新兴产业和未来产业。深入推进数字经济创新发展	充分发挥创新主导作用，以科技创新推动产业创新，加快推进新型工业化，提高全要素生产率，不断塑造发展新动能新优势，促进社会生产力实现新的跃升	深入推进数字经济创新发展。制定支持数字经济高质量发展政策，积极推进数字产业化、产业数字化，促进数字技术和实体经济深度融合。深化大数据、人工智能等研发应用，开展“人工智能+”行动，打造具有国际竞争力的数字产业集群。实施制造业数字化转型行动，加快工业互联网规模化应用，推进服务业数字化，建设智慧城市、数字乡村。深入开展中小企业数字化赋能专项行动。支持平台企业在促进创新、增加就业、国际竞争中大显身手。健全数据基础制度，大力推动数据开发开放和流通使用。适度超前建设数字基础设施，加快形成全国一体化算力体系，培育算力产业生态。要以广泛深刻的数字变革，赋能经济发展、丰富人民生活、提升社会治理现代化水平

注释：十四届全国人大常委会第二次会议所作的《政府工作报告》对数字经济提出更加细化要求，具体体现为数字产业化、产业数字化、数字经济与实体经济深度融合，重视大数据、人工智能等研发应用，通过“人工智能+”赋能，打造具有国际竞争力的数字产业集群，注重制造业数字化转型、中小企业数字化、平台企业、数据开放与流通、数字基础设施的协调发展。

积极推进数字产业化、产业数字化的原因如下：数字经济作为当下经济发展的重要引擎，数字经济正成为各国经济高质量发展与提升综合竞争力的核心抓手。数字经济通过嵌套在数字技术创新基础上，为企业提供重要“弯道超车”机遇。美国凭借数字经济与数字技术创新优势，在国际市场数字经济领域的国际经贸规则制定方面，发挥主导权，并且将自身的数字经济贸易标准，强行推广到国际经贸协定中，一方面，加剧了数字经济不发达国家的“低端锁定”风险；另一方面，美国全球数字经贸领域将会形成“霸权”态势，对其他国家形成巨大的“挤出效应”，加剧全球产业链供应链的巨大差距，同时也伴随着严重的科技伦理问题等。如何寻求中国数字企业的破局之路，通过增强数字技术创新促进数字产业化，通过数字产业化的发展与数字技术嵌套，更好推进产业数字化。金融市场作为数字资源与数字技术创新的主战场，具有“牵一发而动全身”之效，需要金融市场的高质量发展，促进数字创新资源的高效配置，明星分析师作为分析师的“风向标”，发挥重要作用。

积极推进数字经济与实体经济深度融合原因如下：中国经济的高质量发展，离不开金融资源的高效配置。由于中国存在巨大的地域发展差距，在数字经济基础设施、人才储备、资源集群、研发能力等方面存在巨大差距。中国主要以制造业为主，制造业的高质量发展，离不开产业链供应链的优化升级与技术迭代。随着东南亚国家的劳动密集型企业的兴起，中国早期靠劳动密集型的粗放型发展模式正在消失，正在朝着知识密集型发展模式转型，一方面，随着传统劳动密集型优势的消失，未来实体经济将面临重大转型，进一步倒逼其提高科技水平和科技含量；另一方面，随着数字经济的兴起，如何对实体经济进行赋能，通过投资、研发、市场、劳动等途径，打造实体经济的高质量发展之路，数字经济与数字技术创新，为实体经济发展提供重要“弯道超车”机遇。金融兴、经济兴；金融活、经济活，通过金融市场激活数字经济要素活力，更好地发挥数字经济潜力，通过与实体经济的深度融合与嵌套，对于打造具有国家竞争力的数字经济产业集群，增强中国制造业强国的国家战略，更好地贯彻国内与国际“双循环”的国家战略，具有重要的战略价值和实践意义。

重视大数据、人工智能等研发应用的主要原因如下：随着第四次工业革命和数字化时代的兴起，数据要素成为继劳动、土地、资本、技术等后，新的生产要素。如何发挥对数据要素的挖掘，赋能数字技术创新与数字经济发展，大数据、人工智能、区块链等数字技术创新将成为未来制约数字经济高质量发展的重要“枷锁”。数字经济时代下，数据要素存在“双刃剑”效应，一方面，数据要素可以提供更多信息供决策参考；另一方面，数据要素也存在“噪声”，尤其是数据要素存在海量信息，如何“去伪存真”，对大数据处理、人工智能、算法等均提出较高要求，需要进一步加大对大数据、人工智能等研发应用投入，通过对数字技术创新投入，为数字中国与数字化转型提供坚实基础，促进新质生产力发展。

注重制造业数字化转型，制造业作为中国经济的基石，中国具有全球最完备的制造业工业体系，对中国经济高质量发展与新质生产力发展，发挥核心作用。但是，中国制造业依旧存在深层次的结构问题，如高附加值与高科技含量不高，尤其是先进制造和高端制造、先进材料领域等，被发达国家存在高端锁定；在低附加值领域，东南亚国家具有较好的成本优势，存在中低发展中国家的严重冲击。中国制造业主要客户为欧美等发达国家，一旦面临贸易摩擦等，将对中国制造业带来巨大冲击，尤其是随着 WTO 的贸易争端解决机制逐渐弱化，美国绕过 WTO 对中国进行贸易战已经成为常态，如何提升中国制造业高质量发展水平，维护制造业产业链供应链安全，为数字化转型提供重要“弯道超车”机遇。数字化转型通过对制造业要素资源的重新组合，通过嵌套最新的数字技术创新成果，对制造业转型升级，提供重要技术支撑。

重视中小企业数字化，数字经济的发展，在中国存在一定的“数字鸿沟”，尤其是头部数字企业，具有雄厚的技术储备和研发能力，存在对中小企业的“挤出效应”。同时，由于中小企业存在一定的发展瓶颈，现实经济运营中，存在“转不成功”与“一转就死”等尴尬情况，需要对数字化进行综合评估、审慎实践。由于中小企业作为中国经济的主要组成部分，只有促进中小企业的数字化转型优势，才能发挥协同效应和产业集聚效应，降低综合成本，提升数字经济和数字技术创新资源的流通效率，促进新质生产力发展。

关注平台企业，数字企业在中国的发展过程中，存在大数据杀熟、垄断行为等，有损市场的公平竞争。如何规范平台企业行为，促进市场良性竞争，为数字企业提供更多数字资源和数字信息支撑，成为平台企业的重要发展导向。由于平台企业有巨额资本支撑，如何规范资本行为成为当下数字经济发展的重要难点。随着数字经济的迅猛发展，全球数字经济监管也面临着重大挑战。西方国家主要的监管导向正经历从严监管、抑制垄断、市场规范的监管方式转变，需要择时和择机动态调节监管取向和重点，引领平台企业健康发展，尊重市场规律，激活企业数字技术创新要素活力。

重视数据的开放与流通，促进数据基础设施的协调发展。由于数据要素成为继土地、劳动、资本、技术后的新型生产要素，在产权、流通、交易、使用、分配、安全等存在障碍，尤其是数字经济理论发展相对不足，滞后于数字经济发展速度，导致数字经济监管存在滞后性，进而影响数字技术创新。要对数据的合规、流通、定价模式、价格形成机制等进行探索，提升企业数据治理水平，建立数据安全认证等，保证数据全流程合规与完善监管规则体系。由于数据涉及国家安全问题，要正确处理发展和安全的辩证关系。发展的前提要保证安全，要在发展的过程中捍卫安全，同时要对数据供给、流通、使用过程中规定监管底线和红线。要规范数据流通规则和相应规则制度建设，对数据的可靠性、使用范围与权限、溯源性、风险管控等，建立规范的流通体系。由于数据跨境流动逐渐成为深度参与改革开放的重要议题，需要紧密跟踪数据跨境流动国际规则，积极融入高标准国际经贸规则，探索适合中国数字企业的出海战略。

表 2-6　情境 6：新质生产力与西部大开发

时间	会议名称	主要观点	情境	数字经济相关论述
2024 年 4 月	习近平总书记在重庆考察并主持召开新时代推动西部大开发座谈会	围绕“新质生产力”培育，因地制宜发展新兴产业。着力突破一批关键核心技术，聚焦新兴前沿技术的突破与应用，加强产业链与创新链的深度融合，推动产业高质量发展。因地制宜培育发展新材料，以科技创新推动传统产业高端化、智能化、绿色化转型升级，以新业态、新模式、新动能构建新产业。围绕氢能、人工智能、低空经济、商业航天、量子科技、核用新材料及装备等未来产业，优化未来产业创新生态，出台未来产业发展规划、未来产业创新发展行动方案等一系列政策，扎实推动未来产业创新发展	“支柱产业是发展新质生产力的主阵地”，要求探索发展现代制造业和战略性新兴产业，布局建设未来产业，形成地区发展新动能	因地制宜培育发展新材料，以科技创新推动传统产业高端化、智能化、绿色化转型升级，以新业态、新模式、新动能构建新产业

注释：新质生产力与西部大开发。由于中国存在地区差异，尤其是西部地区相较于东部地区存在一定的发展劣势。由于数字经济存在地区差异，西部地区由于各种原因，发展条件、资源禀赋等存在差异，尤其是数字基础设施等存在差异性，进而可能影响数字经济的发展。新质生产力通过探索新兴产业和新领域，对传统领域进行重塑和产业优化升级。由于新质生产力作为数字经济的重要代表，一方面，要注重产业智能化。究其根源，随着大数据、人工智能等的不断涌现，智能化正成为当下数字经济竞争的关键领域。另一方面，智能化需要在算力、算法、生产关系、生产资料、数字技术创新等进行数据要素的构筑和积累，对数字经济高质量发展提出更高要求。西部地区作为中国制造业

重要基地，既要对传统的制造业进行优化升级，又要在传统制造业基础上，进行战略性新兴产业投资，形成互补和集聚效应，形成互相衔接的产业体系和产业链供应链，促进西部大开发。

小结：

新质生产力作为新时代下马克思中国化的理论升华与实践结晶，具有高瞻远瞩，富有战略性、前瞻性，与时俱进。新质生产力结合中国当下发展情境，科学回答了“是什么”“为什么”“怎么做”等一系列关于理论与实践的重点和难点问题。中国经济已经跃居世界前列，但是依旧存在“两头在外”和“双端挤压”的情景，具体表现为高附加值和高端客户需求均在海外，制造业作为中国的支柱产业，依旧面临发达国家在高端制造的“高端挤压”和发展中国家的“低端挤压”，在双重挤压情况下，如何进行破局成为制约当下中国经济高质量发展和产业转型的关键。

数字经济的迅猛发展，数字技术创新驱动的新数字时代，正成为各个国家抢先数字经济红利的重要竞争和博弈力量。数字经济迅猛发展，对传统发展模式和经济理论等带来重大冲击和重塑。西方固有的经济人假设、资源稀缺性、边际生产递减等，已经面临数字经济的冲击，面临巨大改变。数据要素作为新的生产力，正集聚科技、人才、创新、数字技术创新等众多要素，如何实现对数据要素的甄别、提炼、凝聚等，更好嵌入到生产环节，推动数字产业化和产业数字化，直接关系新质生产力的实践效果、效率、发展。新质生产力情境下，对数字经济与实体经济融合、构筑数字产业化和产业数字化、数字技术创新等进行重点关注，目标聚焦打造具有中国特色的产业链集群。数字经济情境下，新质生产力的提出，对回答时代之问、民族之问、世界之问，提出新的思考和启发。

一是时代之问。当下世界经济正进入深度博弈，中美作为两个经济大国，不可避免将面临“修昔底德陷阱”，中国如何跨越中低发展国家陷阱，中国正面临重大战略抉择和发展模式的选择。数字经济的迅猛发展，对传统“渐进式”发展路线带来新的挑战，基于传统的分层次、有步骤、重点领域“负面清单”的发展和监管模式，在数字经济的发展浪潮下已经乏力和滞后。数字技术创新驱动的数字经济，对发展理念、发展模式、开放程度等带来重塑，唯有快速融入数字经济贸易规则，实现动态、前瞻、灵活的财政金融与监管政策，才能更好破除数字技术创新和数字经济发展在生产、流通、交易、消费、交换等环节的瓶颈和障碍，推进中国数字产业化和产业数字化进程，通过数字经济和数字技术创新赋能中国高质量发展，回答时代之问。

二是民族之问。中国具有悠久的发展历史，选择何种发展道路，如何处理姓“资”还是姓“社”问题，如何正确处理效率与公平的辩证关系，理论与实践的思辨关系，正确认识资本问题等，对中国不同发展阶段，发挥了重大作用。中国以公有制经济为主体，多种所有制经济为中国经济的重要补充，如何处理好“国进民退”与“国退民进”的辩证关系，正确处理好有为政府和有效市场边界，既是发展命题，又是安全命题。数字经济具有特殊性，国有企业作为数字经济和数字技术创新的主力军，具有资金、技术、研发、抗风险、容错率等优势。同时，国有企业的监管模式更有助于国有企业发挥集群效应，对中小企业数字化转型的带动和辐射作用。数字经济的激烈竞争，终究演变为利益之争，演变为不同国家产业政策和经济收益博弈。如何通过数字经济和数字技术创新，激活中国国内市场的数据要素活力，在激活企业数字技术创新积极性与有效监管寻求“帕累托最优”临界点，更好推动数字中国战略，数字经济新质生产力成为当下经济高质量发展和回答民族之问的重要实践路径。

三是世界之问。中国改革开放40多年的历程中，正不断扩大开放领域和压缩“负面清单”，逐步以负责任和有担当的世界大国身份，深度参与国际经贸合作，在全球治理中，要发挥积极作用。经济全球化背景下，既增加了不同国家的合作，又贯穿了不同国家的冲突与激烈博弈。随着经济全球化与逆全球化、民粹主义、政党更迭、地区冲突等，对经济发展和社会稳定带来巨大扰动。如何选择与不同制度背景、发展模式、监管模式等经济体合作，对中国产业链供应链安全稳定，发挥重大作用。中国作为发展中国家，如何在经济全球化背景下，实现“进阶”，增强发展动能，提升核心竞争力，新质生产力提出重要的应对之策。既要面向世界，重点发展颠覆性、创新性、先进制造、高端制造等，抢占产业制高点，提供经济附加值，提升高科技含量，又要兼顾对传统产业的革新和重塑，数字技术创新和数字经济的迅猛发展，提供重要“弯道超车”机遇。但是，尽管中国数字经济生产总值已经跃居世界前列，依旧面临数据要素的知识产权、数据要素流通、地区发展不均衡等问题，美国作为全球数字贸易经贸的主导者和规则制定者，将本国数字经济标准强加到高标准的数字经贸规则制定中，造成严重的数字鸿沟问题。中国如何在参与全球数字经济的过程中避免被边缘化和低端锁定，如何通过数字经济和数字技术创新赋能数字中国建设，既是发展命题，又是安全命题，更是百年之未有大变局所迫切需要解决的现实问题。数字新质生产力的提出，对更好回答世界之问，探寻中国现代化产业体系，提供重大理论和实践价值。

第二节　数字技术创新与新质生产力

数字经济作为新型生产方式，本身就是先进生产力代表——新质生产力，涵盖数字产业化、产业数字化、数据价值化、治理数字化等诸多内容，具有高创新性、强渗透性、广覆盖性等多维特征（周文和叶蕾，2024）。数字化转型将发挥基础性和关键性作用，以数字技术底层支撑、数字化转型范式搭建、数字系统智能运行，驱动技术创新、管理创新、模式创新，促进新质生产力（张夏恒和肖林，2024）。数字技术赋能新质生产力的主要逻辑如图 2-1 所示。

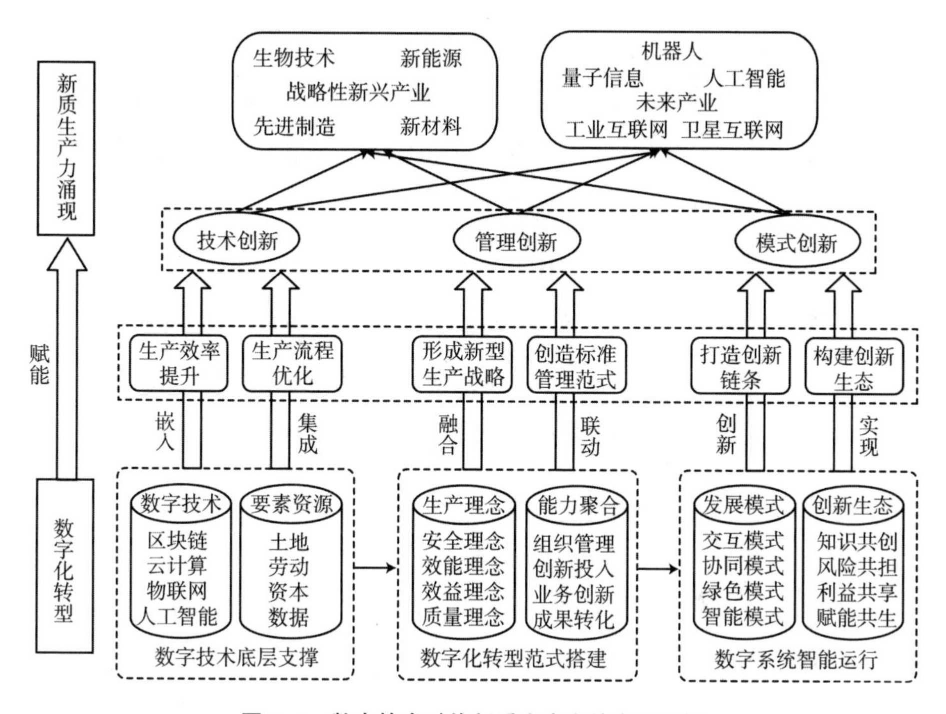

图 2-1　数字技术赋能新质生产力的主要逻辑

资料来源：张夏恒，肖林. 数字化转型赋能新质生产力涌现：逻辑框架、现存问题与优化策略［J］. 学术界，2024（1）：74.

通过数字技术创新驱动，对传统要素资源进行重塑，特别是数据作为新的生产要素，对传统的贸易模式与经济理论等带来新的冲击。数字技术创新在区块链、云计算、物联网、人工智能等技术基础上，对土地、劳动、资本、数据进行数字技术嵌入，对生产效率提升与生产流程优化，发挥积极作用。通过数字技术创新驱动，对战略性新兴产业与未来产业赋能。数字技术创新作为数字化转型的基础支撑，对数字化转型范式搭建驱动管理创新，数字系统智能化驱动模式创新，发挥重要作用。

数字经济驱动新质生产力发展，对区域协同创新、资源共享、传统产业与新兴产业协同、战略性新兴产业培育发挥积极作用（任保平和豆渊博，2024）。数字新质生产力的要素具有新特征，对劳动者的素质、科技知识、劳动技能、创造性等提出较高要求，劳动对象方面，通过高科技和虚拟化拓展劳动对象范围，如新材料、新能源、数据等新的劳动对象，劳动资料方面，呈现数智化特征，改变了传统的劳动组织形式与方式（任保平和王子月，2023）。数字技术具有网络化和信息化特点，微观领域有助于缓解信息不对称，降低综合成本，如交易过程的搜索成本、复制成本、运输成本、跟踪成本、验证成本等（Goldfarb and Tucker，2019）；宏观领域有助于优化公共资源配置效率，通过对企业运营状况、消费者行为、市场趋势等提供数字支撑，增强有为政府与有效市场的协同效应（任保平和王子月，2023）。

数字技术创新作为数字经济的重要支撑，数字技术创新成为推动新质生产力发展的重要驱动力，新质生产力本质在于通过数字技术，为产业高质量发展赋能，具体通过以科技创新推动产业创新，实现生产力的“裂变”（任保平和豆渊博，2023）。具体的作用机制与路径如下：数字新质生产力通过改变生产模式、提高生产效率、增强创新能力途径，赋能经济高质量发展（任保平和王子月，2023）。数字新质生产力加速产业体系的数字化转型，通过引用大数据、云计算、人工智能、区块链等技术，对生产效率提升、综合成本降低、商业模式创造等，发挥积极作用（任保平和王子月，2023）。数字化技术对生产效率提升、供应商制造商和分销商协同、降低库存、减少供应链风险、提高交付速度和产品质量、减少资源浪费和降低人力成本，发挥积极作用（任保平和王子月，2023）。对供应链影响方面，数字新质生产力强化了供应链的韧性，通过强化供应链管理智能化、提升供应链可追溯性和透明度，有助于降低供应链风险，提高供应链韧性与适应能力（任保平和王子月，2023）。

数字新质生产力推动产业体系的全面升级（任保平和王子月，2023）。数字新质生产力加速产业体系的数字化转型，具体以数据、云计算、人工智能、区块链等技术为核心。有助于生产效率提升、成本降低、创新商业模式，数字新质生产力强化了供应链韧性与产业体系的全面升级。对研发影响方面，数字技术借助数字化工具和技术，能够加速新产品和服务的研发过程，从而降低研发风险和成本（任保平和王子月，2023）。数字技术创新对成本赋能与绿色赋能方面，通过将数字技术应用到生产流程中，有助于提高生产质量、节约能耗、降低成本以及打破生产的绿色壁垒等作用，促进生产全链条的绿色化发展，实现能源节约与效益提升的双目标（张夏恒和肖林，2024）。

第三节　企业数字技术创新文献回顾

数字技术创新通过管理、投资、营运、劳动赋能，对推动产业链供应链互联互通与高效协同、甄别市场需求与供应商信息等方面，发挥积极作用，有助于企业资源配置效率提升和经济高质量发展（杨汝岱，2015；黄勃等，2023）。数据技术应用对企业资源整合能力、降低搜寻和试错等成本、优化管理和业务流程、增强信息的供需匹配、提升地区创新效率、降低股价同步性等方面发挥重要作用（韩先锋等，2019；雷光勇等，2022；赵星等，2023）。尽管数字技术创新为企业提供“弯道超车”机会，但是依然面临较大的风险和不确定性。一是面临信息失真风险。数据技术应用的过度使用，面临着数字化信息的超载、质量、安全等问题（李晓娣等，2021）。二是超过现有企业的发展水平与“拔苗助长”。当数字技术的准入门槛过高，如操纵方式、应用范围、使用类别呈现高标准和高质量要求时，企业既有的资源禀赋和技术储备可能难以满足其诉求，呈现“脱节”现象（董香书等，2022）。三是资本市场区域的发展不平衡和企业不同的资源禀赋等情况，更加考验数字技术创新的真实绩效。数字技术存在较高的准入壁垒和资源配置要求，大企业具有较高的风险承受能力和容错率，但是中小企业受技术、资金、人才等因素制约，面临“一转就死”“不转等死”的两难选择（董香书等，2022）。在企业特征较优、先进制造业企业创新的激励效果、中心城市与东部地区，数字经济对技术创新的促进作用更明显，存在“数字鸿沟”和“锦上添花”之势（董香书等，2022）。

第四节　分析师与创新文献回顾

明星分析师作为资本市场的重要组成部分，能够提升投资者认知；通过跟踪企业研发活动，深层次信息解读，分析，甄别研发活动，强化资本市场对企业研发活动的认同，有助于提升对公司价值；一旦分析师的研究能力被市场认可，并且具有影响力分析师更有机会被机构提名，并且将有着更长的职业生涯，与同行相比也有更低的跳槽比例（Kee and Chung，1996；徐欣和唐清泉，2010；Balashov，2018）。分析师尤其是明星分析，可以帮助投资者识别企业研发“真伪”，学历越高，行业专长、行业经验越丰富，将更有助于帮助投资者识别企业的研发行为；分析师在从业之前的工作经验中获得的行业专业知识，对分析师来说是有价值的，分析师可以有着更好的预测准确性，对盈利修正的市场反应也更强烈，更有可能被评为机构投资者全明星（Bradley et al.，2017）。分析师报告的可读性也有助于市场的正向反应，减少未来业绩波动的不确定性，在信息不对称的较高情况下，有经验的分析师报告，有助于更好理解公司的高研发行为，为更多不知情投资者解读公司（Hsieh et al.，2016），尤其对研发密集型公司来说，学历高低、行业专长、行业经验都会影响分析师的推荐价值（Palmon et al.，2012）。分析师跟踪，能够提升被跟踪企业的创新绩效和专利产出，缓解企业融资约束，进一步促进企业创新，促进企业期望绩效实现（王菁等，2016；马黎珺和伊志宏，2017；余明桂等，2017）。

分析师关注也存在着压力与监督，会直接转嫁给企业。由于分析师一致性预期存在“羊群效应”，当众多分析师跟踪时，董事会关注企业当前业绩，也关注未来企业业绩；当公司业绩能够超越分析师预测与预期，管理层被解雇的风险降低，管理层薪酬增加，股价与公司财富均得到提升（Farrell and Whidbee，2003；Finkelstein et al.，2008）。如果企业业绩未达标，在分析师和市场的关注下，这种行为会被“扭曲”和“放大”，出现“马太效应”，市场出现过度反应，股价大幅下挫（Bondt and Thaler，1985）。市场为那些持续满足预期的公司分配了更高的价值（Kasznik and McNichols，2002），业绩超过分析师预期时，将会获得更好的投资回报率（Bartov et al.，2002）。

明星分析师并非能做到真正的客观与独立，也会催生企业道德风险与逆向选择，可能存在对公司价值有损。明星分析师关注会对企业施加更多的压力，导致管理层主要以企业短期业绩为主要目标，阻碍企业对长期创新项目的投资（Jie-Jack and Tian，2013）。盈利考核压力下会对企业研发投资行为有损，当管理层有短期行为时情况更加糟糕（Lee et al.，2014）。例如，在美国寡头电子市场，企业为满足和迎合分析师预期，倾向于用市场垄断权力增加利润，但是却降低产出，甚至这些行为可能导致竞争对手产出扩张与规模扩大（Zhang and Gimeno，2010）。分析师对企业管理层起到了施压作用，使期限较长、风险较大的研发投资占比降低（戴国强和邓文慧，2017）。分析师行为偏差、媒体关注、产权性质等，管理层重视短期业绩，进一步抑制了企业的研发投入与创新，并未形成资本市场的认可，有损公司价值（阳丹和夏晓兰，2015；伊志宏等，2018；杨亭亭和许伯桐，2019）。中国作为新兴发展中国家，分析师也可能存在道德风险和逆向选择，如分析师通过发布高评级的研究报告，煽动投资者情绪，在特殊的承销关系下，导致财富再分配，发行人、券商都是既得利益者，个体投资者成为新股财富再分配盛宴的最终买单者（邵新建等，2018）。

同时，研发作为企业的一项“冒险”与探索活动，不同制度和非制度约束下，对研发失败的包容程度不同。宗教作为一项非正式制度，也有助于抑制企业的不道德行为，缓解机构冲突，降低委托代理成本问题（Dyreng et al.，2012；Guire and Sharp，2012）。总部设在有赌博嗜好地区的公司往往更具创新性，在研发上花费更多，并获得越来越多质量更好的专利（Adhikari et al.，2016）。尽管分析师有助于更好地理解公司的高研发行为，为更多的不知情投资者解读公司，但是依然存在着“利益冲突”，尤其是机构投资者持股比例越高、机构投资者数量越多、公司存在再融资行为、来自前五大佣金收入券商的分析师比例越高等，冲突会加剧（许年行等，2012）。在中国传统文化的特殊情境下，儒家文化以“仁”为核心伦理，缺乏对创新和冒险精神的鼓励，更关注对官员的治理和约束，更注重如何让官员应当具备应有的权威，而不是具体考察官员做什么（张维迎，2013；林毅夫，2017）。

第五节　文献评述

新质生产力情境下，对数字经济与数字技术创新提出了更高要求，通过深度研究现有研究成果，仍有领域需要拓展，具体如下：

一是现有研究缺乏基于资本市场中观视角与数字技术创新的联动效应研究。数字技术创新具有较高的行业壁垒，加之中国资本市场存在较高的研发“泡沫”，上市公司可能存在研发操纵行为，尤其是头部数字企业存在数字技术创新优势，呈现“马太效应”。分析师作为资本市场，具有较好的专业胜任能力解读研发行为（Palmon and Yezegel，2012；Chia-Chun et al.，2016），尤其是数字技术创新具有较高的行业，为了数字中国建设，国家进行大量相应政策扶植和支撑，但是，现在运行中，依旧存在企业的操纵行为，需要对企业数字技术创新进行精准解读。

二是明星分析师作为分析师的行业标杆，能否发挥信息中介作用，一直存在“噪音观”和“信息观”的争议。新财富明星分析师作为分析师的风向标，一直存在“名副其实”与“名不副实”的争议，现有研究缺乏对不同排名明星分析师的差异化研究。不同的明星分析师经由买方机构评选，可能存在不同的研究能力差异，当明星分析师上榜行业第一名，是否具有较好的研究能力解读企业数字技术创新？当明星分析师上榜第二至第五名，是否依旧发挥正向作用？明星分析师具有特征信息与私有信息积累，不同排名的明星分析师对数字技术创新施加何种影响？可能的作用机制等有哪些？现有研究鲜有涉及，亟待拓展。

第三章　明星分析师第一名关注对企业数字技术创新影响

本章以2015~2020年制造业企业数据为样本，研究明星分析师第一名关注对企业数字技术创新影响。研究发现，明星分析师第一名关注提升了企业数字技术创新进程。机制分析表明，明星分析师第一名通过提升数字化转型水平、提高股票信息含量、提高研发投入、提升营运效率、增强产品获利能力的途径，推进企业数字技术创新进程。异质性分析中，明星分析师第一名关注在数字产品和数字服务业、国家高新、公司规模大的分组中，结果更加显著，存在一定的选择性偏好，需要审慎认知；当处于不同的融资约束情境时，实证结果均显著，体现其较好的专业胜任能力。

第一节　引言

制造业作为中国经济的重要"压舱石"，制造业高质量发展直接制约中国经济的高质量发展。制造业作为中国经济的重要支柱产业，在"双循环"的背景下，面临着中低发展中国家的"低端挤压"和发达国家的"高端挤压"，在两端挤压下，数字化转型与应用为中国制造业"弯道超车"提供了重要的战略机会。但是，数字化专型并非一帆风顺，数字化转型需要企业的资源禀赋、企业意愿、技术支持、政策扶植等一系列因素，存在较高的不确定性和高风险性。资本市场的运行中，有的企业存在数字化转型的“言行不一”“言多寡行”“言多不行”等现象，背离数字化转型相关政策扶植的初衷，并导致资本市场数字化资源错配，不利于企业核心竞争力的提升。企业数字技术创新作为数字化转型的重要支撑，通过管理、投资、营运、劳动赋能，在提升企业要素生产率发面，发挥了重要作用（黄勃等，2023）。由于数字化转型较高的壁垒，基于委托—代理问题和信息不对称的存在，加之企业数字技术创新具有较高的行业壁垒和高度的专业性，如何对其进行有效解读，成为制约资本市场数字化创新资源配置效率的重要因素。

明星分析师作为资本市场的信息中介，在帮助投资者挖掘公司价值与缓解信息不对称方面，发挥重要作用。但是，理论界和市场也有不同的声音，如明星分析师对关联机构重仓持有的股票继续发布较乐观的评级，但未改善其信息质量（逯东等，2020），顶级券商的明星分析师荐股评级在牛市和熊市价值对股票评级的投资价值存在重大差异（王宇熹等，2012）。随着数字时代的兴起，明星分析师第一名作为分析师的“顶流”和行业标杆，能否有效解读企业数字技术创新？是提升资本市场定价效率还是增大市场噪声，可能的影响因素、作用机制有哪些，对当前企业数字化转型与制造业企业高质量发展带来哪些启发和借鉴？本书试图研究与回答上述问题。

本章的创新和边际贡献如下：一是增加了明星分析师团队异质性的相关研究，通过聚焦明星分析师第一名的独特视角，增加了对不同类型明星分析师团队行为特质的差异化研究。明星分析师作为资本市场重要中介，一直存在“效率观”和“噪音观”的争议。既往研究以分析师为视角的研究存在“大水漫灌”，由于分析师具有差异性和特殊性，既往研究并未对其进行明确区分，尤其是不同排名的明星分析师可能在市场影响力和预期引导能力方面，存在重大差异。现有研究缺乏对明星分析师的差异化研究，明星分析师第一名作为行业标杆，是“名副其实”还是“名不副实”？企业数字技术创新提供了独特的使用场景，但是目前的研究鲜有涉及，本章试图研究与拓展，增加明星分析师团队异质性与数字技术创新的相关理论和文献，为发展中国家资本市场定价效率与数字技术创新理论和实践，提供新的边际贡献。二是以资本市场的中观视角切入，聚焦明星分析师第一名对企业数字技术创新的影响、作用机制等，为资本市场数字化创新资源效率相关理论与实践提供了新的边际贡献。数字技术创新具有较高的行业壁垒，由于信息不对称以及对数字技术创新成果的专业化解读存在“黑洞”，明星分析师第一名作为资本市场的重要中介，是否发挥积极作用，解读复杂的数字技术创新，还是发挥消极作用，未能有效解读数字技术创新，导致资本市场数字创新资源错配？明星分析师第一名是否具有选择性偏好，呈现“锦上添花”，还是具有较好的预判能力和强化资本市场数字化资源供需引导，呈现“雪中送炭”，可能的作用机制有哪些？本研究进行拓展，为深度认知明星分析师的行为特质提供新的边际贡献。三是对企业数字技术创新、制造业优化升级和“双循环”国家战略实施，提供了重要的理论支撑和应用价值。制造业作为中国经济“双循环”的重要支撑，在“两端挤压”下，数字化转型提供了重要的“弯道超车”机遇。明星分析师作为资本市场中介，如何更好地引导数字技术创新的资源供需匹配，推进制造业产业升级和结构优化，更好地促进经济高质量发展，本章提供了重要的参考价值，同时，本章对分析师监管和优化明星分析师评选机制等，也提供了新的启发和借鉴意义。

第二节 理论分析

一、明星分析师与创新

明星分析师作为资本市场中介能否发挥中介作用解读研发行为和创新行为，存在“信息观”和“噪音观”争议。“信息观”认为分析师发挥了正向作用，能够有效解读研发行为和提升公司价值（唐清泉和徐欣，2010；余明桂等，2017；陈钦源等，2017）。“噪音观”认为分析师关注会给企业带来压力和资本市场的各方关注等，导致管理层重视短期业绩，忽视对长期研发项目的投入，对公司价值有损（JieJack and Tian，2013；杨松令等，2019）。由于分析师具有固有的乐观性偏差（伊志宏等，2018），当资本市场的信息披露较多时，如年报可读性的提高，却不利于隐藏性较强的创新行为（李春涛等，2020），分析师跟踪对创新起了抑制作用。现有研究缺乏对不同排名明星分析师的差异化研究，在明星分析师评选的特殊机制下，明星分析师为了上榜，可能存在私有信息、特质信息的博弈，进而体现为专业胜任能力的差异。数字技术创新由于具有较高的壁垒，能否实现对其有效解读，直接关系资本市场定价效率提升，但是现有研究聚焦不同排名明星分析师与数字技术创新的研究成果鲜有涉及，亟须拓展。

二、企业数字技术创新文献回顾

数字技术创新通过管理、投资、营运、劳动赋能（黄勃等，2023），矫正资源错配（杨汝岱，2015），对企业的资源配置效率与全要素生产率提升、经济高质量发展，发挥了正向作用。数字技术创新通过推动产业链各环节间的互联互通与高效协同，帮助企业甄别市场与供应商信息，为管理层投资决策优化提供重要支撑（陈德球和胡晴，2022）。数据技术的应用，对资源整合能力、信息的供需匹配、降低搜寻和试错等成本、优化管理和业务流程、提升地区创新效率、降低股价同步性等方面，发挥着重要作用（韩先锋等，2019；雷光勇等，2022；赵星等，2023）。数字经济由于需要较高的技术支撑，需要企业投入更多的研发资源，并增加对知识与密集型岗位、高学历和高技能人才的需求（孙早和侯玉琳，2019）。

尽管数字技术应用对产业升级与高质量发展发挥了重要作用，但是基于资本市场区域的发展不平衡和企业不同的资源禀赋等情况，数字技术应用和创新也面临着诸多困境。例如，数据技术应用的过度使用面临着数字化信息的超载、质量、安全等问题（宋华和陈思洁，2021），当数字技术的准入门槛过高，如操纵方式、应用范围、使用类别呈现高标准和高质量要求时，可能使企业既有的资源禀赋和技术储备难以满足其诉求，呈现“脱节”现象（李晓娣等，2021）。在企业特征较优、先进制造业企业创新的激励效果、中心城市与东部地区，数字经济对技术创新的促进作用更明显，存在“数字鸿沟”和“锦上添花”之势（董香书等，2022）。数字技术存在较高的准入壁垒和资源配置要求，大企业具有较高的风险承受能力和容错率，但是中小企业受技术、资金、人才等因素制约，面临“一转就死”“不转等死”的两难选择（董香书等，2022）。如何更好地甄别数字技术创新资源，更好地实现资源的供需匹配，降低信息失真风险，明星分析师作为重要的信息中介，发挥了重要作用。进一步地，当明星分析师第一名上榜行业标杆后，是否对数字技术创新发挥较好的专业胜任能力，还是不能有效解读数字技术创新，增大了市场“噪声”与“名不副实”，现有研究成果鲜有涉及，亟须拓展。

三、假设提出

明星分析师第一名作为分析师的行业标杆，对企业数字技术创新影响具体如下：

第一，明星分析师第一名作为资本市场重要信息中介，对企业数字技术创新发挥了较好的专业胜任能力。一是缓解信息不对称。数字技术创新具有较高的专业壁垒，明星分析师通过跟踪公司研发进程，提供深层次信息来解读、分析、甄别研发活动，强化资本市场对研发活动的认同，促进对公司价值提升；当分析师的研究能力能被市场认同时，上榜明星分析师的概率更大，比同行具有更低的跳槽比例和更长的职业生涯（Chung and Jo，1996；Balashov，2018）。二是明星分析师的行业专长和积累，对解读技术瓶颈较高的数字技术创新提供了边际贡献。从一般分析师到上榜明星分析师，经过无数的“试错”与行业研究积累，在长期的干中学与资本市场资源的积累过程中，可能获取更多关于研发行为的特质、私有信息（Xu et al.，2013），已有研究表明，有经验的分析师报告，会更加熟知与洞悉公司的高研发行为，为更多的不知情投资者解读公司（Chia-Chun et al.，2016），尤其对研发密集型公司来说，学历高低、行业专长、行业经验都起到了边际贡献（Palmon and Yezegel，2012）。三是解读数字技术创新的不同应用场景。企业数字技术创新通过融合人工智能、区块链等技术，实现对原有复杂业务的生态场景融合创新（吴非等，2021）。同时，明星分析师第一名关注在跟踪数字产品和数字服务的过程中，可以发挥专业胜任能力缓解信息不对称，积极关注市场供需与市场格局变化，为数字技术创新和改进提供参考依据，以更好地适应市场的快速变化与技术更新迭代。明星分析师第一名通过行业研究和实地调研，将相关信息反馈到企业数字技术研发相关部分，对优化数字技术开发平台和绩效提升，发挥重要的信息中介作用。

第二，发挥行业研究优势，甄别不同情境下的企业数字技术创新行为。一是解读不同融资约束情境下的企业数字技术创新行为。企业数字技术创新具有较高要求，尤其考验企业资源的营运能力。由于数字技术创新有着较高的技术壁垒，需要企业不断地进行资源投入，现实的资本市场运行中，融资约束一直制约企业数字技术创新。明星分析师第一名具有较好的资本市场资源，当发现企业数字技术创新具有较好的潜力与绩效时，将会通过发布研究报告等形式，吸引资本市场的关注，通过吸引更多的资金、技术、人力等创新资源涌入到数字技术创新过程中，缓解融资约束困境。二是明星分析师第一名关注通过解读数字技术行业以及相关的应用行业，缓解信息不对称，推进数字化转型。数据技术具有较高的壁垒，融合人工智能、区块链等技术，明星分析师可以通过专业积累解读专业壁垒较高的研发行为（Palmon and Yezegel，2012）。同时，对数字技术创新行为应用场景进行积极跟踪，将相关信息及时在研究报告中反映，以缓解信息不对称和进行预期引导。三是挖掘处于不同资源禀赋条件下企业数字技术创新行为，提升资源配置效率。数字技术创新更加考验企业的综合运营能力，尤其是对规模较小和技术积累与储备较少的企业时，明星分析师第一名作为资本市场的重要中介，当挖掘出具有较好发展潜力的数字技术创新成果或潜力时，将积极进行择时和择票推荐，通过增强资本市场数字创新资源的供需匹配，推进不同资源禀赋企业的数字化进程，缩小发展差异与推进共同富裕。

明星分析师第一名关注对企业数字技术创新的影响机制如下：①推进数字化转型，通过数字底层技术创新和数字场景应用两个渠道，推进企业数字技术创新。明星分析师第一名作为市场信息中介，会积极跟踪目标公司的数字化转型进程。由于数字技术创新具有较高的行业壁垒，明星分析师第一名可以发挥行业专长，解读数字底层技术创新等复杂的研究行为，同时，由于市场格局与供需成为数字技术创新的重要评判标准，明星分析师第一名关注将重点挖掘数字化转型中的数字场景应用，通过择时择票体现自己的市场价值。②提升数字技术创新的信息含量。数字技术创新具有较高的信息不对称，投资者解读存在障碍，当明星分析师第一名关注能够挖掘企业数字技术创新的应用前景时，通过发布研究报告形式，向资本市场传递更多的相关信息和进行预期引导，提升股票交易量，有助于提升信息含量。③提升研发积极性。数字技术创新具有高风险性，当明星分析师甄别研发行为时，一方面，可以提高企业的研发投入和积极性；另一方面，通过资本市场信息中介吸引更多的资源融入到企业的研发进程中，增强资本市场数字化创新资源的供需匹配。④提升营运效率。数字化技术创新需要企业较好的资源支撑，当明星分析师第一名正向解读企业数字技术创新过程时，可以通过吸引更多的数字技术创新资源注入到企业中，通过整合数字资源、优化业务流程、优化资本结构等，发挥协同效应和集聚效应，降低营运成本，提升数字技术创新绩效。

综上所述，拟提出以下假设：

H1a：在其他条件不变的前提下，明星分析师第一名关注提升了企业数字技术创新进程。

由于经济不确定因素和各种干扰项的存在，明星分析师第一名在解读企业数字技术创新的过程中，存在风险和不确定性。一是基于职业生涯的考虑。在资本市场激烈的评选机制下，明星分析师第一名为了上榜和降低因企业数字技术创新导致的不确定性，可能存在“锦上添花”行为，诸如通过对规模大或数字技术创新绩效较好的样本进行跟踪，呈现“强强联合”。由于数字技术创新对企业提供了重要的“弯道超车”机会，尤其是在激烈竞争的行业，企业有着更强的动机进行信息技术、大数据应用等数字技术创新活动（张叶青等，2021）。二是明星分析师第一名具有乐观性偏好，对企业数字技术创新带来压力。已有研究表明，分析师发布乐观性评级报告增加了明星分析师上榜的概率（逯东等，2022）。在明星分析师的高预期下，对企业的数字技术创新施加了重大压力，可能导致管理层的短期行为。三是明星分析师主要为机构服务，为满足特殊利益相关者时，可能存在“黑嘴”研报行为。四是由于经济不确定与技术更新迭代速度加快，加之明星分析师第一名并非做到完全正向解读数字技术创新，可能存在信息失真风险与“纳伪”的可能性。

综上所述，拟提出以下假设：

H1b：在其他条件不变的前提下，明星分析师第一名关注抑制了企业数字技术创新。

第三节　研究设计

一、数据来源

本书数据来源制造业上市公司，剔除金融、ST、退市、非金制造业等，时间窗口为2015~2020年，数字技术创新采用文本方法构建，明星分析师第一名关注数据为手工收集，其他变量来自国泰安数据库，对连续变量在1%~99%区间进行缩微处理。

二、变量设定

被解释变量：由于发明专利可以更好地反映企业的实质性技术创新活动（He et al.，2018），本书采用发明专利作为企业数字技术创新活动的衡量指标。数字技术创新指标具体方法参照既往学者方法（陶锋等，2023），参照国家统计局发布的《数字经济及其核心产业统计分类（2021）》和《国际专利分类与国民经济行业分类关系表（2018）》，采用国际专利分类（IPC）提供的专利信息，采用国民经济行业分类四位数代码（SIC4）和 IPC 分组进行匹配，在 IPC 层面识别与数字技术创新活动一致的专利类型，按照企业和年份对数字技术发明专利进行汇总，构建企业层面的数字技术创新指标（以下简称 Digtech）。

解释变量：明星分析师第一名关注数据选取资本市场影响力最大的新财富明星分析师评选结果，采取虚拟变量，如果明星分析师第一名关注取 1，否则取 0，简称为 xtonedum。具体时间窗口为 2015~2020 年，由于 2018 年新财富因特殊原因中断，选取与新财富评选类似的水晶球评选结果。

控制变量：参照相关学者方法（何德旭和夏范社，2021；陶锋等，2023），依次控制以下变量：公司规模（Size），采用公司总资产取对数；无形资产比例（Intass），采用无形资产占总资产比重；资产负债率（Lev），采用总负责占总资产比值；资产收益率（Roa），采用净利润占总资产比值；两职合一（Duality），采用虚拟变量，若董事长和总经理两职合一取 1，否则取 0；独立董事占比（Dirratio），采用独立董事占董事会人数比例；大股东持股（Top1），第一代股东占总股本比重；公司上市时间（Age），公司上市时间取对数；产权性质（Soe），虚拟变量，若国有企业取 1，否则取 0；机构持股（Instihold），机构持股占总股本比重；成长性（Growth），总资产的年度增长率；非正常损益（Unusual），非正常损益占净利润比重。

三、模型拟定

拟采用的模型如式（3-1）所示：

$$Digtech_{i,t}=\alpha_{i,t}+\beta_1 xtonedum_{i,t}+control_{i,t}+\mu_{i,t}+\varepsilon_{i,t} \tag{3-1}$$

式中，Digtech 为企业数字技术创新指标；α 为截距项；control 为控制变量，并控制了行业、年份、固定效应；xtonedum 的系数为 β_1，预期为正。

第四节　实证结果

一、描述性统计

主要变量的描述性统计如表 3-1 所示，Digtech 均值为 2.0829，中位数为 1.7918，明星分析师第一名关注最大值为 1，最小值为 0，其他主要变量取值参见表 3-1，主要变量的描述性统计结果与既往学者对相关变量的取值保持一致（何德旭和夏范社，2021；陶锋等，2023）。主要变量 VIF 结果小于 10，不存在多重共线性问题。

表 3-1　明星分析师第一名关注对企业数字技术创新影响的描述性统计

变量	count	mean	sd	min	p25	p50	p75	max
Digtech	3343	2.0829	1.2861	0.6931	1.0986	1.7918	2.7726	8.3099
Digcited	3343	1.3769	1.5749	0.0000	0.0000	1.0986	2.3026	9.9323
xtonedum	3343	0.3999	0.4900	0.0000	0.0000	0.0000	1.0000	1.0000
Size	3343	22.5958	1.3866	19.9288	21.6222	22.3566	23.2980	28.5427
Intass	3343	0.0408	0.0394	0.0000	0.0190	0.0319	0.0506	0.5134
Lev	3343	0.4144	0.1881	0.0276	0.2650	0.4121	0.5507	2.2901
Roa	3343	0.0475	0.0771	-2.0710	0.0220	0.0464	0.0764	0.2970
Duality	3343	0.6913	0.4620	0.0000	0.0000	1.0000	1.0000	1.0000
Dirratio	3343	0.3775	0.0564	0.2308	0.3333	0.3636	0.4286	0.8000
OwnCon1	3343	33.4002	15.3275	3.9225	21.5007	31.2235	42.8468	86.3473
OwnCon2_ 10	3343	25.8618	12.6666	1.1136	15.9127	25.0344	34.6512	66.5897
Age	3343	2.8892	0.2816	1.6094	2.7081	2.8904	3.0910	3.7136
unusual	3343	-0.0049	0.0096	-0.0321	-0.0065	-0.0007	0.0004	0.0055

二、基准回归结果

实证结果如表 3-2 所示，列（1）为没有控制年份和固定效应，明星分析师第一名关注（xtonedum）为正且显著；列（2）为控制年份，没有控制固定效应，明星分析师第一名关注（xtonedum）为正且显著；列（3）为控制年份和固定效应，明星分析师第一名关注（xtonedum）为正且显著，支持假设 H1。经济意义方面，在其他条件固定不变的前提下，自变量每增加一个标准差，因变量会增加 0. 268，该增加值占因变量平均值的 0. 129，明星分析师第一名发挥了积极作用，支持“效率观”，研究结果与相关学者研究结论一致（杨飞等，2016；夏范社和何德旭，2021；刘晓孟和周爱民，2022）。

表 3-2　明星分析师第一名关注对企业数字技术创新影响的基准回归

变量	列（1）	列（2）	列（3）
	Digtech	Digtech	Digtech
xtonedum	0. 2606*** (5. 8962)	0. 2634*** (5. 9138)	0. 2082*** (4. 9297)
_ cons	-5. 9546*** (-12. 2282)	-6. 0103*** (-12. 2370)	-8. 9757*** (-14. 8228)
* control *	No	Yes	Yes
固定效应	No	No	Yes
Obs	3343	3343	3343
Adjusted_ R^2	0. 1454	0. 1471	0. 3147

注：括号内为异方差（Robust）调整后的 t 值；*、**、*** 分别表示 10%、5%、1%的显著性水平；* control * 为控制变量，控制年度、行业的固定效应。

三、机制分析

1. 推进数字化转型进程

数字化转型需要数字化创新资源支撑，当明星分析师正向解读企业数字化转型战略时，将通过发挥信息中介作用，吸引更多的资本市场数字化资源涌入到企业中，有助于更好地实现企业数字化转型，促进企业数字技术创新。基于上述逻辑，拟引入数字化转型总体水平指标（All），采用数字化转型词频构造，数据来源为国泰安数据库，引入中介效应模型，结果如表3-3中列（1）至列（3）所示，明星分析师第一名关注（xtonedum）为正且显著，列（3）中xtonedum、All均显著，Sobel检验在1%水平上显著，“明星分析师第一名关注—促进数字化转型总体水平—提升数字技术创新”逻辑成立。数字化转型离不开数字底层技术创新支撑和数字场景应用的两个关键环节，为了进一步测试明星分析师第一名是否有更好的专业胜任能力解读数字化进程，拟参照相关学者的方法（吴非等，2021），构建了数字底层技术转型指标（tech）、数字场景应用转型两个指标（App），数字底层技术转型主要有人工智能、云计算、大数据、区块链四大底层相关技术构成，结果如表3列（4）至列（6）所示，明星分析师第一名关注（xtonedum）均为正且显著，列（6）中xtonedum、tech均显著，Sobel检验在1%水平上显著，“明星分析师第一名关注—促进数字底层技术转型—提升数字技术创新”逻辑成立。数字场景应用转型两个指标（App）主要包括移动支付、智慧医疗、移动互联网、数字营销等，结果如表3-3中列（1）至列（3）所示，明星分析师第一名关注（xtonedum）均为正且显著，列（3）中xtonedum显著，Sobel检验在1%水平上显著，“明星分析师第一名关注—促进数字场景应用转型—提升数字技术创新”逻辑成立。

表 3-3 数字化转型总体水平和数字底层技术创新

变量	(1)	(2)	(3)	变量	(4)	(5)	(6)
	Digtech	All	Digtech		Digtech	tech	Digtech
All			0.1596*** (8.6839)	tech			0.1908*** (9.0626)
xtonedum	0.2082*** (4.9297)	0.1492*** (3.8374)	0.1844*** (4.3907)	xtonedum	0.2082*** (4.9297)	0.1379*** (3.8017)	0.1819*** (4.3365)
_cons	-8.9757*** (-14.8228)	-3.4704*** (-7.3373)	-8.4218*** (-14.2652)	_cons	-8.9757*** (-14.8228)	-3.1587*** (-7.3607)	-8.3732*** (-14.5305)
* control *	Yes	Yes	Yes	* control *	Yes	Yes	Yes
Obs	3343	3343	3343	Obs	3343	3343	3343
Adjusted_ R^2	0.3147	0.4687	0.3303	Adjusted_ R^2	0.3147	0.4912	0.3339
Sobel	3.481***			Sobel Z	3.528***		

注：括号内为异方差（Robust）调整后的 t 值；*、**、***分别表示 10%、5%、1%的显著性水平；* control * 为控制变量，控制了行业、年份、固定效应。

2. 提升数字技术创新信息含量——基于股票流动性视角

数字技术创新具有较高的行业壁垒，当委托代理问题严重时，资本市场对其关注较少，股票交易量长期低迷。明星分析师作为重要的行业研究专家，当正向解读企业数字技术创新时，将通过发布研究报告，提供更多关于企业数字技术创新的专业内容解读和择时择票推荐，有助于提升信息含量。同时，明星分析师第一名具有较强的市场影响力和号召力，当买方机构认可其对数字化转型的专业解读时，将积极进行买入操作，有助于提升股票流动性和对企业数字技术创新相关信息的挖掘能力。基于上述逻辑，拟参照相关学者方法（何德旭和夏范社，2021），引入股票非流动性指标，结果如表 3-4 中列（4）至列（6）所示，xtonedum 为正且显著，Amihud 为正且显著，sobel 检验在 1%水平上显著，“明星分析师第一名关注—提升股票信息含量—推进数字技术创新”逻辑成立。

表 3-4　数字场景应用和股票流动性

变量	(1)	(2)	(3)	变量	(4)	(5)	(6)
	Digtech	App	Digtech		Digtech	Amihud	Digtech
App			0.1248*** (6.4810)	Amihud			-1.7087* (-1.7296)
xtonedum	0.2082*** (4.9297)	0.1135*** (2.9705)	0.1941*** (4.6057)	xtonedum	0.2082*** (4.9297)	-0.0061*** (-8.3988)	0.1979*** (4.6514)
_ cons	-8.9757*** (-14.8228)	-2.8723*** (-6.1390)	-8.6171*** (-14.2278)	_ cons	-8.9757*** (-14.8228)	0.2663*** (28.5043)	-8.5207*** (-12.2113)
* control *	Yes	Yes	Yes	* control *	Yes	Yes	Yes
Obs	3343	3343	3343	Obs	3343	3343	3343
Adjusted_ R^2	0.3147	0.3148	0.3236	Adjusted_ R^2	0.3147	0.4522	0.3151
Sobel Z	2.717***			Sobel Z	1.674*		

注：括号内为异方差（Robust）调整后的 t 值；*、**、***分别表示 10%、5%、1%的显著性水平；* control * 为控制变量，控制了行业、年份、固定效应。

3. 增强核心竞争力——基于研发投入视角

数字技术创新需要较高的技术壁垒，企业进行研发投入的过程中，存在较大风险和不确定性。当明星分析师第一名甄别企业数字化转型过程的研发行为，并预期有较好的发展应用前景时，将通过发布研究报告等形式，积极解读企业研发行为，并对可能的研发困境，通过信息中介作用，吸引更多的资本市场数字化创新资源涌入到企业数字技术创新过程中，缓解研发困境。为测试上述猜想，拟引入研发投入指标，结果如表 3-5 中列（1）与列（3）所示，rdat 和 xtonedum 均为正且显著，Sobel 检验在 1%水平上显著，“明星分析师关注—提升研发投入—推进企业数字技术创新逻辑”成立。为了增强结论的稳定性，进一步引入研发人员比例指标，结果如表 3-5 列（4）至列（6）所示，rdpersonratio 和 xtonedum 为正且显著，Sobel 检验在 1%水平上显著，“明星分析师第一名关注—提升研发投入—推进数字技术创新”逻辑成立。

表 3-5 研发视角

变量	(1)	(2)	(3)	变量	(4)	(5)	(6)
	Digtech	rdat	Digtech		Digtech	rdpersonratio	Digtech
rdat			23. 1117 *** (18. 1389)	rdpersonratio			0. 0266 *** (12. 5994)
xtonedum	0. 2082 *** (4. 9297)	0. 0048 *** (7. 9688)	0. 0979 ** (2. 4276)	xtonedum	0. 2082 *** (4. 9297)	1. 9325 *** (4. 9889)	0. 1555 *** (3. 7768)
_ cons	-8. 9757 *** (-14. 8228)	0. 0788 *** (11. 3464)	-10. 7978 *** (-18. 1594)	_ cons	-8. 9757 *** (-14. 8228)	32. 2390 *** (6. 7039)	-9. 8396 *** (-16. 6219)
* control *	Yes	Yes	Yes	* control *	Yes	Yes	Yes
Obs	3343	3343	3343	Obs	3343	3310	3310
Adjusted_ R^2	0. 3147	0. 3707	0. 3862	Adjusted_ R^2	0. 3147	0. 4226	0. 3456
Sobel Z	7. 602 ***			Sobel Z	4. 800 ***		

注：括号内为异方差（Robust）调整后的 t 值；*、**、***分别表示 10%、5%、1%的显著性水平；* control * 为控制变量，控制了行业、年份、固定效应。

4. 提升营运效率

数字技术创新需要企业资源的持续投入，对企业的营运能力和绩效提出较高要求。明星分析师第一名作为重要的市场中介，通过专业胜任能力，可以甄别相关的数据资源和数据资产，将更多的数字创新资源涌入到企业数字技术创新过程中，对于优化业务流程、合理管控资本结构等发挥了积极作用，有助于提升营运效率。当企业营运效率较高时，可以更好地实现降低成本与提高绩效，为数字技术创新提供较好的资源支撑。因此，为测试上述猜想是否成立，拟引入营业成本率（costratio）、财务费用率（financeratio），营业成本率为营业成本除以营业收入计算得出，财务费用率采用财务费用除以营业收入。实证结果如表 3-6 中列（1）至列（3）所示，costratio 为负且显著，xtonedum 为正且显著，Sobel 检验在 1%水平上显著。财务费用率相关结果参见表 3-6 中列（4）至列（6）所示，列（2）明星分析师第一名关注为负且显著，列（6）financeratio 为负且显著，Sobel 检验在 1%水平上显著。综上所述，“明星分析师第一名关注—提升营运效率—推进数字技术创新”逻辑成立。

表 3-6　营业成本率和财务费用率

变量	(1)	(2)	(3)	变量	(4)	(5)	(6)
	Digtech	rdat	Digtech		Digtech	rdpersonratio	Digtech
costratio			-1.2599*** (-6.7726)	financeratio			-8.7301*** (-7.5488)
xtonedum	0.2082*** (4.9297)	-0.0378*** (-8.6379)	0.1606*** (3.8093)	xtonedum	0.2082*** (4.9297)	-0.0012** (-2.0094)	0.1979*** (4.7294)
_ cons	-8.9757*** (-14.8228)	0.2590*** (5.1445)	-8.6494*** (-14.3746)	_ cons	-8.9757*** (-14.8228)	-0.0021 (-0.2121)	-8.9941*** (-15.2473)
* control *	Yes	Yes	Yes	* control *	Yes	Yes	Yes
Obs	3343	3343	3343	Obs	3343	3343	3343
Adjusted_ R^2	0.3147	0.5590	0.3239	Adjusted_ R^2	0.3147	0.4430	0.3242
Sobel Z	5.568***			Sobel P	0.0449**		

注：括号内为异方差（Robust）调整后的 t 值；*、**、***分别表示 10%、5%、1%的显著性水平；* control * 为控制变量，控制了行业、年份、固定效应。

5. 增强市场获利能力

当明星分析师第一名能够挖掘和正向解读企业的数字技术创新时，将吸引更多的资源涌入到企业得数字化转型进程中，对企业绩效提升起了正向作用（Liu and Li，2023）。随着企业绩效的提升，为未来的数字技术创新提供较高的资源储备，以应对可能的风险。为了测试上述猜想，拟参考相关学者方法（陶锋等，2023），引入每股未分配利润（Markprof）、每股留存收益（Interprof）、每股企业自由现金流（Sustprof），分别检验企业的市场盈利、内部资本获利、持续获利能力，实证结果如表 3-7 中列（1）至列（3）所示，xtonedum 实证结果均显著，“明星分析分析师第一名关注—增强企业市场获利能力—提升数字技术创新”逻辑成立。

表 3-7 市场获利视角

变量	(1) 市场盈利能力	(2) 内部资本获利能力	(3) 持续获利能力
	Markprof	Interprof	Sustprof
xtonedum	0. 2514*** (3. 7469)	0. 2728*** (3. 7658)	0. 1288* (1. 8942)
_ cons	-12. 0180*** (-11. 8143)	-13. 2392*** (-11. 8126)	-2. 2169** (-2. 3792)
* control *	Yes	Yes	Yes
Obs	3343	3337	3343
Adjusted_ R^2	0. 3745	0. 3785	0. 3337

注：括号内为异方差（Robust）调整后的 t 值；*、**、*** 分别表示 10%、5%、1%的显著性水平；* control * 为控制变量，控制了行业、年份、固定效应。

四、内生性问题

1. 互为因果问题

企业数字技术创新成果更佳时，可能被明星分析师第一名关注的概率更大。为解决明星分析师第一名关注与企业数字技术创新互为因果问题，拟将解释变量进行滞后一期处理，实证结果如表 3-8 列（1）所示，l1xtonedum 实证结果显著。与基准模型（3-1）结果一致。

表 3-8 解释变量滞后一期

变量	(1)	变量	(2)
	Digtech		Digtech
l1xtonedum	0. 2536*** (4. 5683)	netxtonedum	0. 2085*** (4. 9393)
_ cons	-10. 1853*** (-12. 1396)	_ cons	-9. 4048*** (-15. 7114)

续表

变量	(1)	变量	(2)
	Digtech		Digtech
* control *	Yes	* control *	Yes
Obs	1945	Obs	3343
Adjusted_ R^2	0.3141	Adjusted_ R^2	0.3149

注：括号内为异方差（Robust）调整后的 t 值；*、**、*** 分别表示 10%、5%、1%的显著性水平；* control * 为控制变量，控制了行业、年份、固定效应。

2. 剔除公司特征影响

明星分析师第一名关注可能受公司特征影响，诸如会选择盈利能力好、规模大、机构持股等公司特征较好的公司，以降低可能的风险。为控制明星分析师第一名关注可能的选择性偏好，参考 Yu 和余明桂等方法控制公司特征的影响，拟采用模型如式（3-2）所示：

$$xtonedum=a+roa+lev+lnsize+ccfops+instihold+control+\varepsilon \quad (3-2)$$

式中，ε 为控制公司特征变量后的明星分析师第一名净关注指标（netxtonedum），将其作为新的解释变量引入到基准模型式（3-1）中，实证结果如表 3-8 列（2）所示，netxtonedum 为正且显著，明星分析师第一名关注发挥了正向作用。

3. 工具变量法

由于明星分析师第一名关注受多重因素影响，为控制选择性偏好问题，引入工具变量方法，具体采用沪深 300 指数作为明星分析师的工具变量（李春涛等，2016），沪深 300 指数（以下简称 hs300）由专业的机构评选，不受明星分析师第一名关注影响，满足外生性条件；当公司上榜 hs300 时，将会引起资本市场关注度与交易量的变动，被明星分析师第一名关注的概率更大，满足一定的相关性。具体实证结果如表 3-9 所示，列（1）为工具变量第一阶段回归结果，弱工具变量检验的 F 值为 101.108，大于 16.38 的临界值，不存在弱工具变量问题，工具变量第二阶段回归结果如表 3-9 中列（2）所示，xtonedum 为正且显著，明星分析师第一名关注发挥了正向作用。

4. Heckman 两阶段回归方法

为控制样本选择偏差导致的内生性问题，拟引入 Heckman 两阶段回归方法，第一阶段选取公司特征相关指标和 hs300 作为排他性约束指标，计算出被明星分析师第一名关注的概率。然后根据公司计算出逆米斯比率（lambda1），将其代入到基准模型式（3-1）中，具体实证结果如表 3-9 中列（3）和列（4），lambda1 为负且显著，说明存在一定的样本选择性偏好问题，Heckman 第二阶段结果如表 3-9 列（4）所示，lambda1、xtonedum 结果均显著，Heckman 两阶段回归方法成立。

表 3-9　工具变量和 Heckman 两阶段回归方法

变量	(1)	(2)	变量	(3)	(4)
	xtonedum	Digtech		xtonedum	Digtech
hs300	0.2580*** (10.0553)		lambda1		-6.7461*** (-17.3061)
xtonedum		4.7423*** (9.0656)	xtonedum		0.2314*** (5.4819)
			hs300	0.7730*** (10.4016)	
_cons	0.2366 (1.5090)	-1.1601 (-1.4564)	_cons	-1.3114*** (-3.4899)	4.8215*** (9.5681)
* control *	Yes	Yes	* control *	Yes	Yes
Obs	3343	3343	Obs	3333	3333

注：括号内为异方差（Robust）调整后的 t 值；*、**、*** 分别表示 10%、5%、1%的显著性水平；* control * 为控制变量，控制了行业、年份、固定效应。

五、稳健性检验

1. 变换被解释变量

数字技术专利的原创性、技术水平越高，说明专利的质量越高，被引用的概率越大（陶锋等，2023）。因此，本书参照既往学者方法（Hsu et al.，2014），采用专利被引用数（Digcited）来替代数字技术创指标，实证结果保持一致。

2. 变换解释变量

采用明星分析师第一名团队跟踪数量加 1 取对数替代明星分析师第一名关注指标，结果保持一致；采用明星分析师发布的报告数量加 1 取对数处理，结果保持稳健。由于 2018 年新财富明星分析师数据缺失，将 2018 年数据剔除重新回归，结果保持一致。

3. 更换控制变量

由于明星分析师主要服务买方机构，中国明星分析师评选的特殊机制，明星分析师为了上榜，可能存在影响独立性、客观性的行为。为了控制不同机构类型的影响，本书控制了券商、基金、社保、境外合格投资者等不同的机构类型，结论保持一致。

4. 剔除异常值

由于数据技术更新迭代速度快，数字技术创新专利的申请数量，可能呈现数量剧增（张米尔等，2022）。为控制异常值或者极端值的影响，本书参照陶锋等学者方法，剔除数字技术专利申请数量前五名的上市公司，实证结果保持一致。

第五节 异质性分析

一、“锦上添花”vs“雪中送炭”——基于融资约束分组

企业数字技术创新需承担较大风险，对企业的融资能力提出较高要求。当企业处于不同的融资约束情境限制时，可能存在对数字技术创新不同的投入情况，进而可能影响数字化进程。明星分析师第一名作为分析师的行业标杆，若能够解读不同融资约束情境下的数字技术创新时，尤其处于严重融资约束情况下的企业数字技术创新行为时，更能体现其较好的专业胜任能力。因此，引入融资约束指标 SA 指数（SA=0.043×lnsize^2-0.040×Lnage-0.737×lnsize），该指数越大，融资约束越小（见表 3-10）。按照升序排列，将 SA 指数平均分为三组，在不同的融资约束情境分组下，明星分析师第一名实证结果均显著，体现了较高的专业胜任能力。

表 3-10 融资约束分组

变量	（1）1/3	（2）2/3	（3）3/3
	Digtech	Digtech	Digtech
xtonedum	0.1558** （2.2829）	0.1726*** （2.6027）	0.2932*** （3.4336）
_ cons	-7.2981*** （-5.1734）	-4.9066** （-1.9850）	-13.7935*** （-10.7171）
* control *	Yes	Yes	Yes

续表

变量	（1）1/3	（2）2/3	（3）3/3
	Digtech	Digtech	Digtech
Obs	1115	1114	1114
Adjusted_ R^2	0.1627	0.2523	0.4183

注：括号内为异方差（Robust）调整后的 t 值；*、**、*** 分别表示 10%、5%、1%的显著性水平；* control * 为控制变量，控制了行业、年份、固定效应。

二、行业数字属性的异质性

数字经济通过搭配行业壁垒，带来新的产品和服务体验，通过融合人工智能、区块链等技术（吴非等，2021），实现新的商业模式嵌套。由于数字经济以数据资源为关键生产要素，能否实现对数据资源的整合和创新，成为制约数字技术创新的重要因素。为了测试明星分析师对不同行业数字属性的数字技术创新是否存在差异性，本研究参照既往学者方法（陶锋等，2023），结合国家统计局发布的《数字经济及其核心产业统计分类（2021）》，将样本分为数字产品服务业、数字技术应用与效率提升业，其中，数据产品服务业侧重数字技术的支撑或者辅助作用，数字技术应用与效率提升业主要包括数字技术应用业、数字要素驱动业、数字化效率提升业，将样本分为两组，如表 3-11 所示，列（1）为数字产品服务业，列（2）为数字技术应用与效率提升业，实证结果均显著，组间系数差异性检验结果显著，在数字产品服务业分组更加显著，体现了明星分析师第一名关注高度重视数字技术创新的市场应用与市场格局的供需变化。

表 3-11 异质性分组

变量	(1) 产品服务业	(2) 应用与效率	(3) 高科技	(4) 0 低科技	(5) 规模大	(6) 规模小
	Digtech	Digtech	Digtech	Digtech	Digtech	Digtech
xtonedum	0.3537 *** (3.8400)	0.1463 *** (3.1096)	0.3707 *** (3.9647)	0.1518 *** (3.2739)	0.2438 *** (4.3393)	0.0778 (1.2013)
_ cons	-11.8290 *** (-9.1044)	-7.5729 *** (-12.0199)	-10.5185 *** (-7.9713)	-8.0805 *** (-13.2106)	-11.4773 *** (-12.8389)	-8.6436 *** (-7.9332)
* control *	Yes	Yes	Yes	Yes	Yes	Yes
Obs	892	2451	938	2405	2055	1288
Adjusted_ R^2	0.2881	0.3185	0.3306	0.3025	0.3412	0.2370
P	0.015 **		0.013 **		0.028 **	

注：括号内为异方差（Robust）调整后的 t 值；*、**、*** 分别表示 10%、5%、1%的显著性水平；* control * 为控制变量，控制了行业、年份、固定效应。

三、高技术行业异质性

数字技术创新需要较高的技术壁垒，尤其是大数据、区块链、人工智能等多重技术嵌入，不同禀赋的企业能否顺利实现数字技术创新，可能存在较大的差异。高技术行业由于需要较高的行业壁垒，对其专业化解读需要较高的专业积累，更加考验明星分析师第一名的研究能力。当企业为非高技术行业时，可能在数字技术创新过程中存在不确定性。同时，也存在技术、资源、政策支撑等不足，如果明星分析师第一名能够正向解读其数字技术创新行为时，更加体现其研究能力。基于上述猜想，参考相关学者方法（黎文靖和郑曼妮，2016），构建高技术行业与非高技术行业，对应表 3-11 中列（3）和列（4），实证结果均显著，组间系数差异性检验结果显著，在高技术分组，明星分析师第一名关注结果更加显著，体现其较好的专业胜任能力。

四、企业规模异质性

不同企业实施数字技术创新过程中，公司规模将会成为重要的影响因素之一。公司规模大，具有较高的资源和技术储备，对数字技术创新过程中的数据要素资产、人才引进、专利购买等方面存在优势，可以更好地促进企业数字技术创新的实施。如果企业规模较小，可能在数字技术创新与相关资源整合方面存在不足，进而可能影响数字技术创新的进程和绩效。为测试明星分析师第一名是否在解读不同企业规模的数字技术创新存在差异性，拟引入行业规模虚拟变量，以企业总资产的行业中位数作为分类标准，表 3-11 中列（5）为规模较大的企业分组，明星分析师第一名关注结果显著，列（6）为规模较小的企业分组，明星分析师第一名关注结果不显著，组间系数差异性检验结果显著，明星分析师第一名关注在规模较大的企业中发挥了更强的专业胜任能力，呈现“锦上添花”。

第六节　研究结论和启示

制造业作为中国经济发展的重要“压舱石”，本节基于资本市场中观研究视角切入，以明星分析师第一名的独特视角切入，研究表明：明星分析师第一名关注提升企业数字技术创新进程，研究启发如下：

第一，重视资本市场信息中介在推进企业数字技术创新的作用。①数字化转型需要较高的资源支撑，离不开数据要素等资源的合理配置，需要明星分析师发挥信息中介作用甄别对数字创新有益的数字化创新资源，更好地实现资源的供需匹配。②要重视明星分析师第一名的预期引导，当发现企业数字技术创新具有较高的产出时，要发挥资本市场中介作用，更高地吸引数字化资源的集聚，以提升资源配置效率。③要做好数字技术创新的风险提示与预警。由于数字技术创新需要承担较大风险，尤其是对于中小企业而言，面临着巨大的障碍与转型失败风险，现实的企业数字化转型，明星分析师作为行业专家，要及时甄别企业可能的数字化转型风险和操纵行为，更好地维护资本市场的稳定性。④明星分析师要重视不同企业资源禀赋条件，通过信息中介，吸引更多的资源涌入到企业数字技术创新过程中，尤其是技术、规模、发展水平等相对较弱的企业类型，更好地实现数字技术创新的均衡发展，推进共同富裕过程。

第二，重视数字技术创新与资本市场的联动。①明星分析师要发挥行业专家的优势，更好地甄别数字创新资源，提升数字资源创新效率。②要强化对企业数字技术创新的深度研究，识别企业数字技术创新过程中的障碍、阻点、卡点，对企业进行风险提示和提供更多的资本市场资源相关信息，更好地在市场需求数据要素配置，以提升企业数字技术创新进程。明星分析师尽管发挥了重要作用，但是在异质性分析过程中，也存在一定的选择性偏好以及不能识别企业数字技术创新的情况，需要进一步强化研究能力和提升专业胜任能力，更好地助力数字技术创新和数字化转型的高质量发展。基于中国资本市场评选的特殊机制，要重视对明星分析师监管和引导，促进资本市场的公平、公正，推进共同富裕进程。

第四章　明星分析师非第一名关注与企业数字技术创新

明星分析师对制造业企业数字化转型发挥了重要作用，直接关系着制造业优化升级与高质量发展。本章手工收集明星分析师非第一名组合数据，研究其对企业数字技术创新影响。研究发现，明星分析师非第一名关注提升了制造业数字技术创新进程。机制分析表明，明星分析师非第一名关注通过提升数字化转型、增加研发投入、增加股票信息含量、激活冗余资源利用效率、提升营运效率，促进了企业的数字技术创新。异质性分析表明，明星分析师非第一名仅能解读国有企业、公司规模较大、管理层持股比例小的分组，存在一定的选择性偏差。本研究对制造业企业数字化转型、制造业企业高质量发展、创新驱动国家战略实施等，提供了重要的理论支撑与决策参考依据。

第一节　引言

企业数字技术创新作为数字化转型的重要支撑，通过管理、投资、营运、劳动赋能，在提升企业要素生产率方面，发挥了重要作用（黄勃等，2023）。数字技术创新为当前制造业“弯道超车”提供了重要机遇，基于不同的资源禀赋，能否顺利实现数字化转型，直接关系资本市场数字化创新资源的配置效率。在资本市场现实运行中，企业面临着数字化转型的“痛点”和“数字鸿沟”（董香书等，2022），如何更好解读企业数字技术创新，明星分析师作为资本市场中介，发挥了重要作用。但是，基于中国资本市场明星分析师的特殊评选机制，理论与实务界均存在对明星分析师评选结果的质疑。当明星分析师不能上榜行业第一名时，是真的研究能力不足抑或明星分析师本该上榜行业第一名，市场却发生了误判，呈现“纳伪”后果？可能的驱动因素、作用机制等有哪些，对数字技术创新、制造业高质量发展、创新驱动国家战略实施等带来哪些启发，本章试图研究与解读上述问题。

本章的学术贡献：

第一，增加了明星分析师团队异质性的相关理论与文献，以不同排名明星分析师的独特视角切入，增加了对明星分析师特殊作用的深度认知。分析师作为资本市场重要中介，既往与创新相关研究视角主要聚焦分析师全体，存在“大水漫灌”，不同的明星分析师可能具有不同的特征与优势，进而体现在择时与择票的策略选择。现有研究缺乏对不同排名分析师的“精准识别”，可能导致研究无法进一步深入，不利于客观和理性解读其在研发过程中的特殊作用。本节以明星分析师非第一名关注视角切入，对于更好地探索明星分析师异质性与反思资本市场的明星分析师的特殊作用，提供了独特的试验场景。

第二，方法上，建立了衡量明星分析师非第一名关注的新指标，有助于实现对其行为的“精准识别”，克服既往研究“大水漫灌”的粗放型研究模式。中国资本市场发展的进阶阶段，限于各方面的限制，明星分析师行业第一名具有更强的话语权与影响力。但是，明星分析师评选活动可能存在“纳伪”的可能性。明星分析师非上榜第一名组合，可能具有强的研究能力正向解读数字技术创新行为与挖掘公司价值进行荐股，本书通过采用明星分析师非第一名视角切入，有助于更好地探析其在中国资本市场的特殊角色与作用，为资本市场有效性理论与发展中国家相关的创新理论与文献等，提供来自中国的经验证据支持。

第三，增加了资本市场数字化创新的相关理论与文献，通过研究明星分析师非第一名关注在跟踪企业数字技术创新过程中的特殊角色、作用机制等，对于资本市场高质量发展与推进共同富裕进程，提供了新的边际贡献。明星分析师具有较高的专业壁垒，若明星分析师非第一名组合能正向解读数字技术创新，则有助于提升资本市场定价效率；若不能有效解读，则说明明星分析师存在研究能力不足等问题，不利于资本市场高质量发展且增大市场“噪声”。不同排名的明星分析师团队，在解读企业数字技术创新的过程中，可能存在较大的差异性，当明星分析师非第一名组合不能上榜行业第一名时，是真的研究能力不足，还是明星分析师非第一名组合本该上榜行业第一名，资本市场存在误判，呈现“纳伪”后果？明星分析师非第一名组合对数字技术创新究竟发挥了何种作用，具体的作用机制和途径等有哪些？本章进行了研究和拓展。

第四，对企业数字技术创新、制造业高质量发展、创新驱动国家战略实施等提供了重要参考依据。通过以明星分析师非第一名关注视角切入，以中观视角对数字技创新和制造业高质量发展，提供了重要的参考依据。制造业作为中国经济发展的“压舱石”，制造业面临着来自发达国家的“高端挤压”和发展中国家的“低端挤压”，需要进一步提升制造业技术水平和产业优化升级，数字化转型与数字技术创新提供了重要机遇。但是，数字技术创新也面临着较高的“数据鸿沟”，如何传递相关信息和缓解信息不对称，成为制约数字化转型的重要枷锁。通过明星分析师非第一名关注的独特视角，对数字技术创新、制造业数字化转型、创新驱动等提供了新的启发。

第二节　文献回顾与假设提出

一、分析师与创新文献回顾

分析师作为资本市场中介，能否发挥中介作用，解读研发与创新行为，目前主要存在两种观点：正向观点体现为“信息观”，明星分析师通过研究报告等形式，向资本市场传递企业的研发与创新信息，对缓解研发困境与提升创新效率，发挥积极作用（徐欣等，2010；Palmon et al.，2012；Chia-Chun et al.，2018；Balashov et al.，2018；方先明等，2020）。反向观点体现为“噪音观”，分析师具有乐观性偏差、业绩高预期偏好，给企业带来较大的业绩压力，管理层可能存在短期行为，如将更多资源投入到外观专利研发，规避甚至终止对企业长期发展有益的发明专利研发投入，在年报可读性较高水平的企业，分析师关注的增加会减少企业的创新活动（许年行等，2013；Jie Jack et al.，2013；邵新建等，2018；杨松令等，2019；伊志宏等，2019；李春涛等，2020）。

二、企业数字技术创新文献回顾

数字技术创新通过管理、投资、营运、劳动赋能，对推动产业链互联互通与高效协同、甄别市场与供应商信息等方面，发挥了积极作用，有助于企业资源配置效率提升和经济高质量发展（陈德球和胡晴，2022；黄勃等，2023）。随着数据技术的应用，对企业资源整合能力、降低搜寻和试错等成本、优化管理和业务流程、增强信息的供需匹配、提升地区创新效率、降低股价同步性等方面，发挥着重要作用（韩先锋等，2019；雷光勇等，2022；赵星等，2023）。尽管数字技术创新为企业带来重要的弯道超车机会，但是依然面临着较大的风险和不确定性。一是面临信息失真风险。数据技术应用的过度使用，面临着数字化信息的超载、质量、安全等问题（宋华和陈思洁，2021）。二是超过现有企业的发展水平与“拔苗助长”。当数字技术的准入门槛过高，如操纵方式、应用范围、使用类别呈现高标准和高质量要求时，企业既有的资源禀赋和技术储备可能难以满足其诉求，呈现“脱节”现象（李晓娣等，2021）。三是资本市场区域的发展不平衡和企业不同的资源禀赋等情况，更加考验数字技术创新的真实绩效。数字技术存在较高的准入壁垒和资源配置要求，大企业具有较高的风险承受能力和容错率，但是中小企业受技术、资金、人才等因素制约，面临“一转就死”“不转等死”的两难选择（董香书等，2022）。在企业特征较优、先进制造业企业创新的激励效果、中心城市与东部地区，数字经济对技术创新的促进作用更明显，存在“数字鸿沟”“锦上添花”之势（董香书等，2022）。

三、文献评述

上述研究成果为解读分析师特殊作用与数字技术创新提供了重要参考，仍有研究领域需要拓展，具体如下：

一是缺乏对不同特质分析师的深入研究。明星分析师能够从众多的分析师中上榜，可能具有不同的专业胜任能力与影响力，现有研究缺乏对不同排名明星分析师的差异化研究，不利于深度解读明星分析师在中国资本市场的特殊作用。二是数字技术创新具有复杂性和较高的行业专业性，增加了普通投资者对其解读的难度，明星分析师作为重要的资本市场中介，能否发挥专业胜任能力解读数字技术创新，可能的驱动因素、作用机制等有哪些？目前的研究成果鲜有涉及。在明星分析师激烈的评选机制下，当明星分析师不能上榜行业第一名，是明星分析师的研究能力不足，抑或明星分析师本来应该上榜行业第一名，市场却发生了误判与“纳伪”？本章以知识密集型和复杂程度较高的数字技术创新视角切入，对研究不同排名明星分析师的专业胜任能力，提供了独特的试验场景。

第三节 假设提出

明星分析师非第一名组合作为资本市场重要参与者，对企业数字技术创新发挥了重要作用，如发挥专业胜任能力，缓解信息不对称。一是解读复杂型和知识密集型企业研发和创新行为。数字技术创新由于叠加大数据、区块链等技术，存在“数字鸿沟”（董香书等，2022），明星分析师具有较好的行业积累，为解读复杂和知识密集型专利提供了条件（Chia-Chun et al.，2016）。二是券商资源支撑，对正向解读企业数字技术创新提供较好的“硬件”条件。明星分析师团队一旦上榜，将在人员、资源配置等方面获得券商支撑（Xu et al.，2013）。三是增加信息的及时性。明星分析师作为信息中介，集聚来自买方、买方、监管、行业等各方面信息，通过各种信息研判和去伪存真，及时向市场传递公司信息（Barth and Hutton，2004）。四是发挥监督作用。企业数字技术创新需要较高的资源支撑，也要承担较大风险，对企业业绩带来较大压力，可能催生了管理层或者股东的道德风险和逆向选择。明星分析师具有较好的研究能力，通过跟踪管理层或股东的投资行为，发挥监督作用。五是明星分析师的声誉和激励机制，明星分析师非第一名具有更大的动机，去冲击明星分析师行业第一名。由于中国资本市场的特殊性，基于买方机构投票的选举模式，存在既当“运动员”又当“裁判员”的争议，同时，明星分析师也存在“先入为主”现象，不同排名的明星分析师，对数字技术创新解读，可能存在“弃真”与“纳伪”的不同情境，尤其是明星分析师非第一名本来应该上榜行业第一名，却出现不能上榜的情况时。

明星分析师非第一名关注对企业数字技术创新影响机制如下：一是推动数字化转型。明星分析师非第一名关注通过甄别资本市场数字化资源和发挥信息中介作用，对数字化转型提供支撑。明星分析师具有较好的行业研究经验，对知识密集型专利解读存在优势，通过对数字化转型相关技术识别与市场供需的综合研判，推进数字技术创新顺利实施。二是提升研发积极性。研发具有高风险和不确定性，明星分析师非第一名关注通过解读研发行为，向市场传递信号。同时，明星分析师可以通过发挥中介作用，吸引创新资源集聚到企业中，缓解研发困境。三是提升数字技术创新的信息含量。委托—代理问题之下，公司存在信息披露水平低的情况，导致资本市场关注度低且股票交易量低迷。由于数字技术创新具有较高行业壁垒，明星分析师非第一名组合若能挖掘数字技术创新的潜力，并预期有较好的绩效产生时，将通过发布研究报告进行推荐，有助于提升股票信息含量。若买方机构认可其观点，将积极进行市场买入操作，有助于提升股票流动性和对公司信息的进一步挖掘，吸引更多的资源涌入到企业的数字技术创新过程中，推进数字技术创新的顺利实施。四是激活冗余资源利用效率。冗余资源作为企业沉淀型资源，明星分析师非第一名关注通过发挥信息中介作用，将数据要素、数据资产、专利类型等嵌套到企业冗余资源中，提升冗余资源的利用效率，推进企业数字技术创新的顺利进程。五是提升营运效率。明星分析师非第一名关注通过信息中介效应引入资本市场数字化创新资源，通过对业务流程、业务管控、资本结构优化等进行优化，有助于降低营运成本，提升营运效率。

综上所述，拟提出以下假设：

H2：在其他条件不变的情况下，明星分析师非第一名关注提升了企业数字技术创新进程。

第四节　研究设计

一、数据来源

数据来源主要采用手工收集和国泰安数据库，其中数字技术创新采取文本方法构建，明星分析师非第一名关注采取手工收集，样本主要为制造业数据，选取 2015~2020 年数据，剔除非制造业、金融业、ST、退市等类型，对连续变量在 1%~99%区间进行缩微处理。

二、变量设定

1. 因变量设定

由于发明专利具有较高的准入门槛和审核条件，更能反映企业的实质性技术创新活动（He et al.，2018），拟采用发明专利为企业数字技术创新的衡量指标，具体方法参照陶锋等学者方法，参照国家统计局发布的《数字经济及其核心产业统计分类（2021）》和《国际专利分类与国民经济行业分类关系表（2018）》，数字技术创新指标（Digtech）采用国际专利分类（IPC）提供的专利信息，在 IPC 层面识别与数字技术创新活动相契合的专利类型，将国民经济行业分类四位数代码（SIC4）和 IPC 分组进行匹配，找出对应的数字技术创新专利，按照企业和年份对数字技术发明专利进行汇总，构建企业层面的数字技术创新指标（Digtech）。

2. 解释变量设定

明星分析师数据选取新财富明星分析师评选结果，新财富明星分析师参与机构众多，影响力重大，成为资本市场评价分析师综合实力的重要依据。明星分析师非第一名组合采用手工收集（有的细分行业较大，行业内由前五名分析师团队上榜，本节将明星分析师第二至第五名团队定义为明星分析师非第一名组合；有的细分行业较小，行业内由前三名分析师团队上榜，本书将明星分析师第二至第三名团队定义为明星分析师非第一名组合），具体采用虚拟变量，若明星分析师第一名关注取 1，否则取 0，简称为 xfour。时间区间为 2015~2020 年，2018 年新财富明星分析师评选中断，选取与新财富评选类似的水晶球评选结果。

3. 控制变量

参照何德旭和夏范社（2021）和陶锋等（2023），依次控制以下变量：公司规模（Size），总资产取的对数；无形资产比例（Intass），无形资产除以总资产；资产负债率（Lev），总负债除以总资产；资产收益率（Roa），净利润除以总资产；两职合一（Duality），采用虚拟变量，如果董事长和总经理两职合一取 1，否则取 0；独立董事占比（Dirratio），采用独立董事除以董事会人数；大股东持股（top1），第一大股东持股比例；公司上市时间（Age），公司上市时间取对数 l；产权性质（Soe），虚拟变量，若国有企业取 1，否则取 0；机构持股（Instihold），机构持股比例；成长性（Growth），总资产的年度增长率；非正常损益（Unusual），非正常损益除以净利润。

三、模型拟定

拟采用的模型如式（4-1）所示：

$$Digtech_{i,t}=\alpha_{i,t}+\beta_1 xfour_{i,t}+control_{i,t}+\mu_{i,t}+\varepsilon_{i,t} \quad (4-1)$$

式中，α 为截距项；xfour 的系数为 β_1，若系数为正，则假设 H2 成立；control 为控制变量，并依次控制了行业、年份、固定效应。

第五节　实证结果

一、描述性统计

主要变量的描述性统计如表 4-1 所示，Digtech 均值为 2.0829，最小值为 0.6931，中位数为 1.7918，明星分析师非第一名关注（xfour）最大值为 1，最小值为 0，其他主要变量取值如表 4-1 所示，主要变量的描述性统计结果与何德旭和夏范社（2021）和陶锋等（2023）学者的现有文献结果保持一致。主要变量的 VIF 结果小于 10，不存在严重的多重共线性问题。

表 4-1　明星分析师非第一名关注与企业数字技术创新的描述性统计

变量	count	mean	sd	min	p25	p50	p75	max
Digtech	3343	2.0829	1.2861	0.6931	1.0986	1.7918	2.7726	8.3099
Digcited	3343	1.3769	1.5749	0.0000	0.0000	1.0986	2.3026	9.9323
xfour	3343	0.4873	0.4999	0.0000	0.0000	0.0000	1.0000	1.0000
Size	3343	22.5958	1.3866	19.9288	21.6222	22.3566	23.2980	28.5427
Intass	3343	0.0408	0.0394	0.0000	0.0190	0.0319	0.0506	0.5134
Lev	3343	0.4144	0.1881	0.0276	0.2650	0.4121	0.5507	2.2901
Roa	3343	0.0475	0.0771	-2.0710	0.0220	0.0464	0.0764	0.2970
Duality	3343	0.6913	0.4620	0.0000	0.0000	1.0000	1.0000	1.0000
Dirratio	3343	0.3775	0.0564	0.2308	0.3333	0.3636	0.4286	0.8000
top1	3343	32.4077	13.9300	12.5966	20.8612	30.3355	41.8594	60.5636
Age	3343	2.8892	0.2816	1.6094	2.7081	2.8904	3.0910	3.7136

续表

变量	count	mean	sd	min	p25	p50	p75	max
soe	3343	0. 2701	0. 4441	0. 0000	0. 0000	0. 0000	1. 0000	1. 0000
Instihold	3343	39. 8526	24. 9220	3. 9756	15. 8267	40. 8481	60. 4708	82. 6247
growth	3343	0. 1857	0. 2146	−0. 0743	0. 0432	0. 1256	0. 2594	0. 8043
unusual	3343	−0. 0049	0. 0096	−0. 0321	−0. 0065	−0. 0007	0. 0004	0. 0055

资料来源：笔者整理和国泰安数据库。

二、基准回归结果

实证结果如表 4−2 所示，列（1）未控制年份和固定效应，明星分析师非第一名关注（xfour）系数为正且显著；列（2）控制年份、未控制固定效应，明星分析师非第一名关注（xfour）系数为正且显著；列（3）为基准模型（4−1），控制年份和固定效应，明星分析师非第一名关注（xfour）系数为正且显著，支持假设 H2。经济意义方面，在其他条件固定不变的前提下，自变量每增加一个标准差，因变量会增加 0. 17，该增加值占因变量平均值的 7. 97%，明星分析师非第一名关注（xfour）发挥了积极作用，支持“信息观”，研究结果与杨飞等（2016）、夏范社和何德旭（2021）、刘晓孟和周爱民（2022）一致。

表 4−2 基准回归和异质性分组

变量	列（1） Digtech	列（2） Digtech	列（3） Digtech
xfour	0. 1244 *** （3. 1049）	0. 1291 *** （3. 1806）	0. 1291 *** （3. 1968）
_ cons	−9. 0475 *** （−16. 5502）	−9. 1372 *** （−16. 6459）	−9. 1372 *** （−15. 1151）
固定效应	No	No	Yes
* year *	No	Yes	Yes

续表

变量	列（1） Digtech	列（2） Digtech	列（3） Digtech
* ind *	Yes	Yes	Yes
Obs	3343	3343	3343
Adjusted_ R^2	0. 3103	0. 3115	0. 3115

注：括号内为异方差（Robust）调整后的 t 值；*、**、***分别表示1%、5%、10%的显著性水平；控制年度、行业的固定效应。

三、机制分析

1. 推进数字底层技术创新

数字技术创新需要研发的持续投入与技术升级，数字底层技术创新作为重要的核心支撑，起到关键性作用。明星分析师具有一定行业研究优势，尤其是解读复杂与知识密集型企业的创新行为时（Chia-Chun et al.，2016）。当明星分析师非第一名关注（xfour）对数字底层技术创新具有较好的解读和认知能力时，将会通过发布研究报告等形式，向市场传递更多相关信息，吸引资本市场创新资源集聚，促进数字技术创新进程。基于上述逻辑，拟引入数字化转型总体水平指标（All）、数字底层技术转型指标（tech），采用数字化转型词频构造，数据来源为国泰安数据库，引入中介效应模型，结果如表4-3中列（1）至列（3）所示，列（2）中明星分析师非第一名关注（xfour）为正且显著，列（3）中明星分析师非第一名关注（xfour）、All均显著，Sobel检验在1%水平上显著，"明星分析师非第一名关注—促进数字化转型总体水平—提升数字技术创新"逻辑成立。数字底层技术转型指标（tech），主要包括人工智能、云计算、大数据、区块链四大底层相关技术构成（吴非等，2021），实证结果如表4-3中列（4）至列（6）所示，列（5）中明星分析师非第一名关注（xfour）为正且显著，列（6）中明星分析师非第一名关注（xfour）、数字底层技术转型指标（tech）均为正且显著，Sobel 检验在 10%水平上显著，中介效应成立，“明星分析师非第一名关注—推进数字底层技术创新—提升数字技术创新”逻辑成立。

表 4-3　数字底层技术创新

变量	(1) Digtech	(2) All	(3) Digtech	变量	(4) Digtech	(5) tech	(6) Digtech
All			0. 1631*** (8. 8671)	tech			0. 1941*** (9. 1981)
xfour	0. 1291*** (3. 1968)	0. 0781** (1. 9823)	0. 1164*** (2. 9072)	xfour	0. 1291*** (3. 1968)	0. 0889** (2. 4267)	0. 1118*** (2. 7924)
_ cons	-9. 1372*** (-15. 1151)	-3. 6088*** (-7. 5741)	-8. 5484*** (-14. 5434)	_ cons	-9. 1372*** (-15. 1151)	-3. 2603*** (-7. 5809)	-8. 5043*** (-14. 8335)
固定效应	Yes	Yes	Yes	固定效应	Yes	Yes	Yes
* year *	Yes	Yes	Yes	* year *	Yes	Yes	Yes
* ind *	Yes	Yes	Yes	* ind *	Yes	Yes	Yes
Obs	3343	3343	3343	Obs	3343	3343	3343
Adjusted_ R^2	0. 3115	0. 4670	0. 3279	Adjusted_ R^2	0. 3115	0. 4900	0. 3314
Sobel P	1. 972**			Sobel Z	2. 413**		

注：括号内为控制异方差（Robust）调整后的 t 值；*、**、***分别表示 1%、5%、10%的显著性水平。

2. 增强核心竞争力——基于研发投入视角

明星分析师在长期的行业研究中，对研发行为的关注和解读能力更加敏感。当明星分析师非第一名关注（xfour）能够挖掘和识别企业的研发投入和研发意图时，将会通过信息中介传递更多的研发相关信息，增强投资者的信心；同时，明星分析师非第一名关注（xfour）可以通过吸引资本市场数字创新资源涌入到企业中，缓解研发进程面临的困境，提升数字技术创新进程。因此，拟引入研发指标（rdat），采用研发投入除以营运收入，结果如表 4-4

中列（1）至列（3）所示，列（2）中明星分析师非第一名关注（xfour）为正且显著，列（3）中明星分析师非第一名关注（xfour）、研发指标（rdat）均为正且显著，Sobel 检验在1%水平上显著，中介效应成立，“明星分析师非第一名关注—提升研发投入—提升数字技术创新”逻辑成立。为了测试企业研发积极性和投入力度，引入研发人员比例指标（rdpersonratio），实证结果如表4-4中列（4）至列（6）所示，列（5）中明星分析师非第一名关注（xfour）为正且显著，列（6）中明星分析师非第一名关注（xfour）、研发人员比例指标（rdpersonratio）均为正且显著，Sobel 检验在1%水平上显著，中介效应成立，“明星分析师非第一名关注（xfour）—提高研发人员投入—提升数字技术创新”逻辑成立。

表4-4 研发投入比例

变量	(1) Digtech	(2) rdat	(3) Digtech	变量	(4) Digtech	(5) rdpersonratio	(6) Digtech
dat			23.4672*** (18.2410)	rdpersonratio			0.0269*** (12.7032)
xfour	0.1291*** (3.1968)	0.0049*** (8.3162)	0.0137 (0.3523)	xfour	0.1291*** (3.1968)	1.5529*** (4.0500)	0.0899** (2.2885)
_ cons	-9.1372*** (-15.1151)	0.0782*** (11.1256)	-10.9727*** (-18.5221)	_ cons	-9.1372*** (-15.1151)	31.3555*** (6.5034)	-9.9754*** (-16.9291)
固定效应	Yes	Yes	Yes	固定效应	Yes	Yes	Yes
* year *	Yes	Yes	Yes	* year *	Yes	Yes	Yes
* ind *	Yes	Yes	Yes	* ind *	Yes	Yes	Yes
Obs	3343	3343	3343	Obs	3343	3310	3310
Adjusted_ R^2	0.3115	0.3721	0.3851	Adjusted_ R^2	0.3115	0.4211	0.3436
Sobel Z	7.954***			Sobel Z	4.016***		

注：括号内为控制异方差（Robust）调整后的t值；*、**、***分别表示1%、5%、10%的显著性水平；对控制变量、年度、行业、固定效应进行控制。

3. 提升数字技术创新信息含量——基于股票流动性视角

数字技术创新由于存在较高的专业壁垒，存在“数字鸿沟”，当上市公司采取较低的信息披露策略时，进一步增大了信息不对称，可能导致股票交易量低迷和缺乏透明度。明星分析师非第一名关注（xfour）作为资本市场重要中介，当识别企业的数字技术创新行为时，将通过研究报告等形式，积极向投资者传递企业数字技术创新的相关内容，缓解信息不对称和发挥预期引导能力；若买方机构和投资者认可明星分析师非第一名关注的研究报告观点，将积极进行相关信息挖掘和进行市场交易操作，有助于增强股票流动性和提升股票信息含量。基于上述逻辑，参照学者方法（Amihud，2002），引入股票非流动性指标（Amihud），该指标越大，股票流动性越差，结果如表 4-5 中列（1）至列（3）所示，列（2）中明星分析师非第一名关注（xfour）为负且显著，列（3）中明星分析师非第一名关注（xfour）为正且显著，股票非流动性指标（Amihud）为负且显著，Sobel 检验在 1%水平上显著，中介效应成立，“明星分析师非第一名关注—提升股票信息含量—提升数字技术创新”逻辑成立。

表 4-5　股票流动性和冗余资源

变量	(1) Digtech	(2) Amihud	(3) Digtech	变量	(4) Digtech	(5) Slack1	(6) Digtech
Amihud			-1.9673** (-1.9919)	Slack1			1.8949*** (3.7087)
xfour	0.1291*** (3.1968)	-0.0061*** (-8.5293)	0.1170*** (2.8735)	xfour	0.1291*** (3.1968)	0.0027* (1.8657)	0.1240*** (3.0746)
_ cons	-9.1372*** (-15.1151)	0.2672*** (29.0955)	-8.6115*** (-12.3248)	_ cons	-9.1372*** (-15.1151)	0.3138*** (18.0772)	-9.7319*** (-15.3108)
固定效应	Yes	Yes	Yes	固定效应	Yes	Yes	Yes
* year *	Yes	Yes	Yes	* year *	Yes	Yes	Yes

续表

变量	(1) Digtech	(2) Amihud	(3) Digtech	变量	(4) Digtech	(5) Slack1	(6) Digtech
* ind *	Yes	Yes	Yes	* ind *	Yes	Yes	Yes
Obs	3343	3343	3343	Obs	3343	3343	3343
Adjusted_ R^2	0. 3115	0. 4531	0. 3121	Adjusted_ R^2	0. 3115	0. 5814	0. 3143
Sobel Z	1. 913*			Sobel P	0. 0902*		

注：括号内为控制异方差（Robust）调整后的 t 值；*、**、***分别表示 10%、5%、1%的显著性水平；控制年度、行业的固定效应。

4. 激活冗余资源利用效率

冗余资源作为企业的沉淀性和未开发资源，为企业持续研发和新产品开发等提供重要支撑。由于数字技术创新需要持续的资源投入，对资源配置提出更高的要求。如果明星分析师非第一名关注能够发挥正向作用，对企业的冗余资源的利用和投放提供更多的专业性建议，并且利用中介作用，对资本市场数字化创新资源的甄别和“去伪存真”，更好地引导冗余资源与资本市场创新资源的供需匹配，将有助于激活冗余资源的利用效率，为数字技术创新提供重要的支撑。因此，拟参照程新生和王亚妮（2014），引入沉淀性冗余资源（Slack1），采用管理费用除以营业收入，实证结果如表 4-5 中列（4）至列（6）所示，列（5）中明星分析师非第一名关注（xfour）为正且显著，列（6）中明星分析师非第一名关注（xfour）、沉淀性冗余资源（Slack1）均为正且显著，Sobel 检验在 10%水平上显著，中介效应成立，“明星分析师非第一名关注—激活冗余资源利用效率—提升数字技术创新”逻辑成立。

5. 提升营运效率

明星分析师非第一名关注具有较好的资本市场资源积累和行业研究储备，当预期企业的数字技术创新有较好产出时，将会通过中介作用吸引更多的数字资源、数据资产、技术专利等引入到企业的数字技术创新进程中，通过业务流程优化、管控资本结构、优化库存与产能等，降低企业运营成本，提升营运效率与资源配置效率，更好地促进数字技术创新实施。为测试上述猜想是否成立，拟引入营运效率相关指标，具体为营业成本率（costratio）、财务费用率指标（financeratio），前者为营业成本占营业收入比重，后者为财务费用占营业收入比重，实证结果如表4-6中列（1）至列（6）所示，列（2）中明星分析师非第一名关注（xfour）为负且显著，列（3）中明星分析师非第一名关注（xfour）为正且显著，营业成本率（costratio）为负且显著，Sobel检验在1%水平上显著，中介效应成立；列（5）中明星分析师非第一名关注（xfour）为负且显著，列（6）中明星分析师非第一名关注（xfour）为正且显著，财务费用率（financeratio）为负且显著，Sobel检验在1%水平上显著，中介效应成立。综上所述，"明星分析师非第一名关注—提升营运效率—提升数字技术创新"逻辑成立。

表4-6 营业效率

变量	(1) Digtech	(2) costratio	(3) Digtech	变量	(4) Digtech	(5) financeratio	(6) Digtech
costratio			-1.3297*** (-7.1203)	financeratio			-8.7804*** (-7.5792)
xfour	0.1291*** (3.1968)	-0.0263*** (-6.3062)	0.0941** (2.3333)	xfour	0.1291*** (3.1968)	-0.0015*** (-2.6284)	0.1159*** (2.8883)
_cons	-9.1372*** (-15.1151)	0.2838*** (5.6500)	-8.7598*** (-14.5987)	_cons	-9.1372*** (-15.1151)	-0.0024 (-0.2413)	-9.1583*** (-15.5676)
固定效应	Yes	Yes	Yes	固定效应	Yes	Yes	Yes
* year *	Yes	Yes	Yes	* year *	Yes	Yes	Yes
* ind *	Yes	Yes	Yes	* ind *	Yes	Yes	Yes

续表

变量	(1) Digtech	(2) costratio	(3) Digtech	变量	(4) Digtech	(5) financeratio	(6) Digtech
Obs	3343	3343	3343	Obs	3343	3343	3343
Adjusted_ R^2	0. 3115	0. 5526	0. 3220	Adjusted_ R^2	0. 3115	0. 4435	0. 3211
Sobel Z	4. 984***			Sobel Z	2. 535**		

注：括号内为控制异方差（Robust）调整后的 t 值；*、**、***分别表示 10%、5%、1%的显著性水平；控制年度、行业的固定效应。

四、内生性问题

1. 互为因果问题

当企业数字技术创新绩效较高时，可能被明星分析师关注的概率更大。为解决解释变量和被解释变量互为因果问题，拟将解释变量明星分析师非第一名关注（xfour）进行滞后一期处理，结果如表 4-7 中列（1）所示，l1xfour 实证结果显著，与基准回归结果一致。

2. 明星分析师净关注

明星分析师非第一名关注（xfour）在分析师评选机制下，可能存在一定的选择性偏好，如选择跟踪公司特征较好的样本，以降低因数字技术转型带来的不确定性。为了控制受公司特征因素的影响，参考 Yu（2008）和余明桂等（2017）学者方法剔除公司特征的影响，模型为：

$$xfour = a + Size + lev + Roa + instihold + growth + control + \varepsilon \qquad (4-2)$$

式中，ε 为剔除公司特征后的明星分析师非第一名净关注指标（netxfour），将其作为新的解释变量纳入基准模型中，结果如表 4-7 中列（2）所示；netxfour 为正且显著，明星分析师非第一名关注（xfour）发挥正向作用，与基准模型结论一致。

表 4-7　稳健性检验

变量	(1) Digtech	变量	(2) Digtech	变量	(3) PSM Digtech
l1xfour	0.1895*** (3.4887)	netxfour	0.1295*** (3.2135)	xfour	0.1096* (1.9399)
_ cons	-10.2528*** (-12.2093)	_ cons	-9.3760*** (-15.6459)	_ cons	-8.6266*** (-9.5202)
固定效应	Yes	固定效应	Yes	固定效应	Yes
* year *	Yes	* year *	Yes	* year *	Yes
* ind *	Yes	* ind *	Yes	* ind *	Yes
Obs	1945	Obs	3343	Obs	1496
Adjusted_ R^2	0.3107	Adjusted_ R^2	0.3117	Adjusted_ R^2	0.2504

注：括号内为控制异方差（Robust）调整后的 t 值；*、**、***分别表示 10%、5%、1%的显著性水平；控制年度、行业的固定效应。

3. 倾向得分匹配

为控制明星分析师非第一名关注（xfour）的样本选择性偏好问题，拟采用倾向得分匹配方法，选取和明星分析师非第一名关注（xfour）相似且没有明星分析师非第一名关注的样本进行匹配，具体指标选取资产负债率、机构持股、第一大股东持股比例、成长性指标、管理层持股、董事会规模进行匹配，将匹配后的样本代入到模型（4-1）中，结果如表 4-7 中列（3）所示，明星分析师非第一名关注（xfour）为正且显著，明星分析师非第一名关注（xfour）发挥正向作用，与基准模型结论一致。

4. 工具变量方法

明星分析师非第一名关注（xfour）受多重因素影响，为控制因选择性偏好导致的内生性问题，拟参照李春涛等学者方法，引入 hs300 指数作为明星分析师非第一名关注（xfour）的工具变量。hs300 成份股指数由专门的机构评选，不受明星分析师影响，满足外生性要求；当公司上榜 hs300 指数时，可能引起机构持股异动和交易量的波动，增加明星分析师关注的概率。实证结果如表 4-8 中列（1）至列（2）所示，工具变量第一阶段实证结果如列（1）所示，hs300 为正且显著，弱工具变量检验的 F 值为 115.72，大于 16.38 的临界值，不存在弱工具变量问题；工具变量第二阶段结果如列（2）所示，明星分析师非第一名关注（xfour）为正且显著，工具变量方法成立。

5. Heckman 两阶段回归方法

为控制样本选择偏差导致的内生性问题，引入 Heckman 两阶段回归方法，第一阶段选取公司特征相关指标和 hs300 指标作为排他性约束条件，计算出被明星分析师非第一名关注（xfour）的概率，根据公式计算出逆米尔斯比率（lambda1）；第二阶段将逆米尔斯比率（lambda1）纳入到模型（4-1）中，实证结果如表 4-8 中列（3）和列（4）所示，lambda1 为负且显著，说明存在一定的样本选择性偏好问题，Heckman 第二阶段结果如列（4）所示，lambda1、明星分析师非第一名关注（xfour）结果均显著，Heckman 两阶段回归方法成立。

表 4-8 工具变量和 Heckman 两阶段回归

变量	(1) xfour	(2) Digtech	变量	(3) xfour	(4) Digtech
hs300	0.2522*** (10.7573)		lambda1		-7.3537*** (-17.9784)
xfour		4.8504*** (9.3398)	xfour		0.1522*** (3.6770)
			hs300	0.8227*** (10.4561)	
_cons	0.3784** (2.2277)	-1.8732** (-2.1109)	_cons	-0.4131 (-1.1762)	4.0462*** (8.5422)

续表

变量	(1) xfour	(2) Digtech	变量	(3) xfour	(4) Digtech
固定效应	Yes	Yes	固定效应	Yes	Yes
* year *	Yes	Yes	* year *	Yes	Yes
* ind *	Yes	Yes	* ind *	Yes	Yes
Obs	3343	3343	Obs	3295	3295

注：括号内为控制异方差（Robust）调整后的 t 值；*、**、*** 分别表示 10%、5%、1%的显著性水平；控制年度、行业的固定效应。

五、稳健性问题

1. 变换被解释变量

数字技术创新的专利质量越高，其技术水平和原创性越强，被引用的概率越高（陶锋等，2023）。因此，为增强结论稳健性，采用徐等（Hsu et al.，2014）方法，采用专利被引用数（Digcited）来替代数字技术创指标，实证结果保持一致。

2. 变换解释变量

采用明星分析师非第一名关注团队跟踪数量加 1，取对数处理，替代解释变量明星分析师非第一名关注（xfour），实证结果显著。由于 2018 年新财富明星分析师选举因特殊事件中断，本书将 2018 年明星分析师数据剔除，实证结果保持一致。

3. 变换控制变量

明星分析师主要为买方机构服务，现实中可能存在影响其独立性、客观性的行为。为控制机构的影响，依次控制了券商、基金、社保、境外合格投资者等具有影响力的机构类型，实证结果保持一致。

4. 剔除异常值

数字技术更新速度较快，数字技术专利可能呈现短期内数量剧增的情况，尤其是公司规模和技术储备处于行业头部的上市公司更为明显（张米尔等，2022）。为控制异常值或者极端值的影响，参照陶锋等学者方法，剔除数字技术专利申请数量前五名的上市公司，实证结果保持一致。

第六节　异质性分析

一、产权性质分组

产权性质不同可能对数字技术创新施加重大影响。为探索明星分析师非第一名关注（xfour）是否存在差异性，将样本分为国有组和非国有组，结果如表4-9中列（1）和列（2）所示，列（1）为国有组，明星分析师非第一名关注（xfour）实证结果显著，列（2）为民营企业实证结果不显著，民营企业在资源、技术、专利购买等方面存在不足，影响企业数字技术创新，明星分析师非第一名关注存在研究偏差。组间差异性系数检验P值显著，明星分析师非第一名关注存在研究偏差，需要客观认识其特殊作用。

二、公司规模

公司规模对数字技术创新施加重大影响。当公司规模大时，对企业数字技术创新的容错率、承担风险能力越高等级更高；当公司规模小时，存在不确定性、资源投入、技术水平等不足。为探索明星分析师非第一名关注（xfour）是否存在差异性，将样本分为公司规模大和公司规模小分组，采用公司总资产的行业均值作为分类标准，表 4-9 中列（3）为公司规模大于其行业均值分组，在公司规模大的企业，明星分析师非第一名关注实证结果显著，列（4）为公司规模小于其行业均值分组，在公司规模小的企业，明星分析师非第一名关注实证结果不显著，组间差异性系数检验 P 值显著。

三、基于管理层持股分组

明星分析师非第一名关注（xfour）具有较高的乐观性偏好和市场预期，对企业当期业绩带来较大的压力，进而可能会影响数字技术创新的资源投放与绩效产出。如果管理层持股比例较高，面临着较大的业绩压力，将有着较强的动机维护股价稳定，为了降低数字技术创新的风险，可能降低对数字技术创新的资源投入行为，影响企业数字化转型。为测试明星分析师非第一名关注（xfour）是否在不同管理层持股比率情况下的差异性，将样本按照管理层持股的行业均值分组，表 4-9 中列（5）为管理层持股比例大于其行业均值分组，明星分析师非第一名关注（xfour）结果不显著，管理层持股越高，越容易产生委托—代理问题与投资低效问题，影响数字技术创新进程，同时，明星分析师也存在和管理层“合谋”抑或研究能力不足的可能性。表 4-9 中列（6）为管理层持股比例小于其行业均值分组，明星分析师非第一名关注（xfour）结果显著，由于管理层持股比例低，面临的业绩压力较小，管理层的道德风险和逆向选择的风险较小，明星分析师非第一名关注（xfour）更容易发挥监督效应，有助于提升数字技术创新。组间差异性系数检验 P 值显著，明星分析师非第一名关注在管理层持股比率较小的分组中，发挥了更强的专业胜任能力。

表 4-9 异质性分析

变量	(1) 国有	(2) 民营	(3) 公司规模	(4) 公司规模	(5) 管理层持股	(6) 管理层持股
	Digtech	Digtech	Digtech	Digtech	Digtech	Digtech
xfour	0. 2422 *** (2. 7314)	0. 0551 (1. 2237)	0. 1569 *** (2. 8035)	0. 0083 (0. 1425)	-0. 0100 (-0. 1264)	0. 1711 *** (3. 5837)
_ cons	-11. 0618 *** (-9. 0370)	-9. 0482 *** (-12. 4780)	-11. 5886 *** (-12. 9044)	-8. 6922 *** (-7. 9414)	-10. 1300 *** (-8. 1147)	-9. 4394 *** (-12. 8397)
固定效应	Yes	Yes	Yes	Yes	Yes	Yes
* year *	Yes	Yes	Yes	Yes	Yes	Yes
* ind *	Yes	Yes	Yes	Yes	Yes	Yes
Obs	903	2440	2055	1288	925	2418
Adjusted_ R^2	0. 4085	0. 2718	0. 3375	0. 2361	0. 2097	0. 3549
P	0. 027 **		0. 040 **		0. 033 **	

注：括号内为控制异方差（*Robust*）调整后的 t 值；*、**、***分别表示 10%、5%、1%的显著性水平；控制年度、行业的固定效应。

第七节 研究结论

本节通过明星分析师异质性独特视角，采用明星分析师非第一名关注为研究对象，研究发现，明星分析师非第一名关注对企业数字技术创新发挥了正向作用，有助于提升资本市场数字创新绩效。本节的启发如下：

第一，要重视明星分析师的特殊作用，更好地强化资本市场数字创新资源配置效率。由于数字技术创新具有较高的复杂性，且数字资源与数据要素具有较高的行业专业性，需要明星分析师发挥中介作用，做好投资者、资本市场、上市公司三者的信息互联互通，提升资源的配置效率。政策建议有以下三点：①制造业企业建立相应的数字技术创新披露制度，积极公布其研发进展情况，提升信息透明度。②明星分析师积极探索资本市场数字化创新资源平台的整合与“去伪存真”，通过甄别数字化创新资源效率较高的数据要素和数据资产，更好地促进资本市场数字化创新资源的供需匹配和发挥信息中介作用。③要细化对制造业企业数字技术创新的标准，对政策扶持、政策优惠、专利质量等制定详细的考核标准，做到精准施策。

第二，要加强明星分析师的专业胜任能力和职业道德建设，维护资本市场的公平公正，更好地推进共同富裕进程。随着经济事项的复杂性与不确定性增加，企业数字技术创新将会面临冲击与承担各种压力和风险。明星分析师要发挥预期引导和信息中介作用，提升专业素质和增强自身使命感，更好地引导资本市场数字创新资源配置。有以下两点政策建议：①建立对明星分析师研究报告的监控和跟踪，对研究报告的数据来源、逻辑框架、资金流测算、盈余预测、投资建议等进行重点关注，保证研究报告的质量，杜绝“滥竽充数”等行为。②要增强明星分析师的使命感和责任感，积极引导数字创新资源的供需匹配，激活处于不同资源禀赋条件下的资源利用效率，尤其是重点关注资源禀赋较差的公司，缩小因数字化转型的“数据鸿沟”差距与更好地促进产业集聚，推进共同富裕进程。

第三，合理引导明星分析师评选，赋能企业数字技术创新。由于明星分析师在巨大的激励机制下，可能存在激烈的竞争，明星分析师通过不同的研究报告策略和披露频率，向市场传递企业数字技术创新进展。但由于明星分析师需要服务机构和客户众多，现实中可能囿于人力、物力、财力等有限，存在“跟风”与“人云亦云”行为，一旦出现对企业数字化转型与数字技术创新的错误解读，增大市场“噪音”。要做到对明星分析师研究报告质量的重点跟踪，对研究报告的数据来源、逻辑性、结论、择时视点、季度研报、深度研报等，进行重点关注，提升研究报告的“颜值”与质量，通过金融市场的高质量发展，促进企业数字技术创新的高质量发展。

第五章　数字经济监管对数字技术创新影响

数字技术创新作为数字经济的重要推手，对经济高质量发展起到重要作用。诸如，数字技术创新对加强数字产业与传统产业融合，推进产业数字化转型发挥重要作用（郭凯明和刘冲，2023；田秀娟和李睿，2024）。数字技术通过与生产部门的集成整合，对产业结构优化升级发挥重要作用，推进经济高质量发展进程。同时，数字技术通过与金融部门进行深度融合和嵌套，有助于缓解融资约束，促进高技术产业发展与产业结构转型升级，推进经济增长新旧动能转换（田秀娟和李睿，2024）。

数字经济发展离不开国内与国际市场的"双轨"发展，聚焦全球视角下的数字经济监管，对中国资本市场数字技术创新发展影响重大，如何对中国数字经济正确解读，引导数字技术创新，理论与实践均提出较高要求。2023年，李强总理强调"提高常态化监管水平，特别是增强监管的可预期性""不断完善数字经济治理体系"。江小涓（2020）提出，要通过积极有效的制度和政策促进数字经济发展，利用数字技术促进宏观调控与监管市场，提高社会管理和公共服务的数字化水平，建设数字政府，监管重点要重视合规监管、分类监管、技术监管、均衡监管、价值导向监管、敏捷监管的改革导向（郭克莎，2017）。

第一节　数字技术创新与全球经贸规则变迁

一、数字技术重塑全球经贸规则

数字技术重塑全球经贸规则，推进数字经济全球化转型。数字技术驱动的数字贸易在降低贸易成本、节省时间、创造新贸易产品方面发挥积极作用，深刻改变传统的贸易方式与贸易规模（刘洪愧，2020）。数字技术离不开产业链供应链的安全稳定，各国为了抢占数字贸易领域的“先发优势”，数字领域的大国渗透了国家权力、地位、规矩、贸易规则等，尤其是国际规则制定权之争，将成为综合考虑国家数字经济发展水平的重要因素（薛晓源和刘兴华，2022；张茉楠，2022）。数字技术的快速发展，不断与全球经济体融合，正在创建经济全球的新秩序，促使世界经济向数字化深度转型（李宗明等，2021；黄鹏和陈靓，2021）。

二、区域贸易协定的数字贸易规则加剧“数字鸿沟”问题

发达国家在数字技术等领域具有优势，通过制定较高标准的跨境数字流动、传输和隐私保护等条款，融入本国的数字治理情境，主导国家标准和规则，将后发经济体“游离”在国际经贸规则制定权之外。数字技术主要由人工智能、云计算、大数据和区块链等构成，深度影响实体经济，当后发经济体数字技术水平较低与数字技术创新基础薄弱时，将会加剧不同国家的数字技术创新差异，导致“数字鸿沟”出现，影响融入区域贸易协定的数字贸易规则的进程，当“数字鸿沟”演化为“数字壁垒”时，将会引发更大的发展

问题、科技伦理问题等，直接冲击国家主权与经济安全（张天顶和龚同，2023）。

三、“数字鸿沟”拉大了不同发展层次国家的差距

数字规则治理的本质是围绕贸易利益与数字安全的博弈过程，重要诉求是维护本国的数字经济产业与安全。“数字鸿沟”的存在，体现为不同经济主体在数字技术领域的发展阶段与水平，对数字贸易的互联互通与经济利益分配，带来重大冲击。已有学者采用互联网设施差距衡量不同国家之间的“数字鸿沟”问题，发现不同国家之间存在较大的“数字鸿沟”时，双方达成数字贸易条款的概率更小（韩剑等，2019），互联网使用率越高的国家，在贸易协定中，越具有更强的意愿深度参与数字贸易合作（Elsig and Klotz，2021）。数字技术的非均衡化加剧了“数字鸿沟”问题，数字领域风险正面临着从个人隐私向国家主权安全扩散，尤其是缺乏数字贸易规则的有效监管与治理模式，对发展与安全带来重要冲击（史丹等，2023）。数据要素作为数字技术创新的重要组成部分，数据流动的复杂性造成数字贸易政策的“碎片化”，主要发达国家在跨境数据的政策立场，深度影响区域贸易协定，呈现异质性的不同经济后果（沈玉良等，2022）。数字技术竞争与供应链脱钩也不断加剧。“数字鸿沟”正在拉大“数字先进”经济体和“数字落后”经济体差距（世界贸易组织，2018）。数字基础设施作为数字经济的基石，直接关系数字技术创新与国家数字经济竞争力、产业与经济安全（江鸿和贺俊，2022；彭晓莲，2023）。

四、数字贸易规则呈现出分化态势

数字领域竞争既是技术之争，更是规则之争，通过数字规则主导权，进行本国数字治理模式输出，延伸数字管辖权，拉拢利益相关者构筑规则（张

茉楠，2022）。

数字贸易竞争加剧，监管部门重点关注头部数字企业。不同国家的监管政策与监管方法，导致互联网的“巴尔干化”或“碎片化”（德雷克等，2011）。数字鸿沟的存在，导致不同发展阶段的国家各有侧重，发展中国家更加重视通信设施和数字技术应用，发达国家更加关注监管问题，如公平竞争、数据流动、知识产权和消费者保护等方面的问题（世界贸易组织，2018）。数字鸿沟加剧了数字不平等，进而将引发更深层次的经济不平等和社会不平等（庞金友，2022）。

五、国际垄断资本驱动的跨国平台经济导致“税基侵蚀”问题频发

跨国平台经济具有显著的“马太效应”，以谷歌（Google）、苹果（Apple）、脸书（Facebook）和亚马逊（Amazon）为代表的互联网“四巨头”，通过与跨国金融资本合作，形成跨国平台巨头，主导世界市场，攫取超额利润，却享受较低的纳税比例，如跨国数字企业在欧盟的平均税率仅为9.5%，远低于欧盟传统行业23.2%的平均税率（刘诚，2020）。为了强化对跨国平台的监控，欧美加大对科技巨头的监管举措，如表5-1所示。

表5-1 欧美对科技巨头的监管举措

企业	反垄断指控内容	主要问题
脸书	收购Instagram和WhatsApp，侵犯用户隐私	杀手并购、隐私归属
谷歌	展示搜索结果时会对其自有服务优先，而且进行信息审查	平台中性、信息操纵
亚马逊	利用第三方卖家的数据帮助自有品牌销售	平台中性
苹果	在苹果应用商店收取过高的渠道费用，操作系统不兼容	渠道垄断、二选一

资料来源：刘诚．数字经济监管的市场化取向分析［J］．中国特色社会主义研究，2020（Z1）：39.

六、美国遏制中国数字企业态势愈演愈烈

中国已成为全球第二大数字经济体。美国具有全球数字经济产业链的绝对优势，对华为、字节跳动、中芯国际等中国数字公司进行打压，遏制中国数字企业发展，维护美国数字巨头的“数字霸权”。美国强化数字联盟，对中国进行“围追堵截”。诸如，美国联合欧洲国家、日本等所谓的盟友建立更加安全可靠的数字经济产业链。2023 年 8 月，美国总统拜登签署行政令，限制美国主体对中国半导体和微电子、量子信息技术和人工智能领域投资，对中国数字经济高质量发展带来严重冲击。

第二节　数字经济监管嬗变

一、数字技术改变传统的全球贸易模式和基础

数字技术改变原有的贸易规则，数据流动正成为贸易扩张的关键因素。跨境流动数据驱动的贸易数字化和数字贸易，重塑国际贸易利益格局，推动数字经济和福利水平提升，具体如表 5-2 所示。由于发展中国家是原始数据提供者，在全球数字贸易格局中处于被动地位，全球数字贸易收益也处于劣势地位，进一步加剧了全球数字贸易的“数字鸿沟”问题，呈现“赢者通吃”。

表 5-2　数字技术改变比较优势、推动数字贸易秩序重塑的逻辑机理

影响因素	作用路径	比较优势变化	贸易创造或收缩
产业数字化（产业数字强度）	不同产业部门的数字化强度和人工智能等数字技术带来劳动力替代	数字服务贸易和数字密集型产品（资本偏向或技术偏向）	发达国家成为高技能数字密集型产品的净出口国并不断强化这一贸易优势；极端情况下，劳动力禀赋差异驱动的贸易流可能进一步式微，“数字鸿沟”凸显
规模经济、范围经济（市场规模）	平台企业或共享经济，以及大量信息数据	交易成本下降（生产边际成本为零）带来新的竞争优势（更多参与者获益）	发达国家（跨国企业）比较优势和发展中国家参与全球贸易机会增加，出口产品多元化（其中市场规模较大的发展中国家有可能进入特定数字密集型行业领域，从而赢取市场份额）
知识外部性和研发溢出（科技创新）	本国主权范围内或超出国界（全球价值链和高技能移民）	促进发展中国家潜在的技术跨越并缩小技术差异或者高收入经济体继续保持技术创新优势	发展中国家提升高技能数字密集型产品出口竞争力或者高技能数字密集型产品继续由资本密集和教育程度较高的主要发达经济体出口
贸易数字化（数字贸易）	数字基础设施、电子商务，以及正式和非正式制度因素（数据流动监管）	贸易对道路、港口等有形基础设施和地理因素依赖降低，将抵消高收入国家在数字密集部门和产品中的一些竞争优势，但会放大制度因素对数字密集型行业比较优势的重要性（例如，隐私保护规定会影响数字密集型行业的比较优势）	有助于促进发展中国家数字化产品的出口，全球价值链可能会出现缩短或延长趋势，贸易的细分化特点显现，但从整体上来看，电信、交通等基础设施和地理因素，以及营商环境较优的国家或地区在数字密集型产品贸易中优势更大。需要注意的是，随着更多国家加强数据流动监管和隐私保护，各国贸易条件将不断变化

资料来源：史丹，聂新伟，齐飞．数字经济全球化：技术竞争、规则博弈与中国选择［J］．管理世界，2023，39（9）：3.

二、监管嬗变——由强硬制裁向市场规则转型

随着全球监管规则细化与执行力度加大，一些国家和地区正由强硬制裁转向鼓励有序发展阶段的温和方式，以市场规则规范平台为导向。全球更加重视数字经济基础规则，构建并遵守市场规则成为反垄断规则的主要导向。

通过梳理全球数字经济监管历程，美欧等国家和地区对数字经济监管周期经历了宽松、严格、制度规范三个阶段，与中国基本类似。随着全球反垄断的开展，各国监管重心转型制度规则和提高基础性制度体系规范性，降低对数字企业的高额处罚，构建数字经济资本监管的"有为政府"与"有效市场"的微妙平衡。

三、数字技术创新增强了数字技术创新的"小院高墙"行为

数字技术创新具有较高的行业壁垒，发达国家具有雄厚的数字技术积累和高技能数字密集型产品生产能力，更加重视知识产权保护、反对或限制例外等规则，通过政策规则对知识产权进行严格保护，防止技术的外溢，以保持和延续其数字技术创新优势和既有的全球贸易份额。通过构建数字技术创新的"小院高墙"行为，进一步扩大了"数字鸿沟"（王春英等，2022；史丹等，2023）。

全球主要国家或地区数字贸易规则监管政策与数字技术创新监管动态如表 5-3 所示。

表 5-3　全球主要国家或地区数字贸易规则监管政策与数字技术创新监管动态

核心争议议题	数据的跨境传输与管理（数据主权）			数字产品与服务			数字知识产权		本地进入
				数字税收					
主要经济体	数据跨境流动	数据本地化措施	规制要求或监管权——数据跨境流动监管模式	数字传输关税（国际）	数字服务税（国内）	数字产品的非歧视待遇（规制要求+例外情形）	数字技术	数字产品与服务（侵权盗版等）	数字企业的本地进入政策
美国	支持数字跨境自由流动，但利益优先下是典型的双重标准	反对		反对	反对单边主义行径，但认可各国针对数字产品和服务征收国内税费的权力	支持，目前《美墨加协定》成为该条款设定水平最高的贸易协定（剔除了“知识产权例外”和“广播例外”）	高度重视源代码、加密技术、交互式计算机服务等领域的知识产权保护		比较严格的限制政策（设立外国投资委员会对外商投资进行经济安全审查，审查点包括：对国内生产的影响，对国内工业的国防能力的影响，对美国关键技术、基础设施的国际领先地位的影响）
欧盟	基于“充分性协议”的有限制流动，力促欧盟统一数字市场建设	反对		反对，但与美国争议的焦点在于数字服务税	部分成员国支持开征数字服务税	支持，但坚持“例外情形”的权限（包含“视听例外”的条款，严格限制域外文化的侵入）			欧盟的《数字市场方案》等举措正在提高外国企业进入门槛

续表

核心争议议题	数据的跨境传输与管理（数据主权）			数字产品与服务			数字知识产权		本地进入
主要经济体	数据跨境流动	数据本地化措施	规制要求或监管权——数据跨境流动监管模式	数字税收：数字传输关税（国际）	数字税收：数字服务税（国内）	数字产品的非歧视待遇（规制要求+例外情形）	数字技术	数字产品与服务（侵权盗版等）	数字企业的本地进入政策
日本	主张建立“跨境数据自由流动圈”	不强制设置数据存储服务器	允许政府管制的例外情形	主张电子方式传输的数字产品免征关税	实施自由化程度较高的政策，数字产品零关税覆盖率达99．38%	支持	不要求企业公示源代码	日本重点强调知识产权保护，并建立了“日本知识产权”的主权专利基金	关于数字企业的本地进入政策，日本没有明确限制电信或信息通信技术的投资，仅设定了直接投资的提前通知要求
新加坡	倡导数据跨境流动，允许通过电子方式跨境传输商业信息，同时主张数字贸易便利化	赋予自由设置数据存储地、保留自主监管空间的权限	许可基于监管或合法公共政策例外情形，采取不符措施，且相关权利交由缔约方自己决定	除例外情形外，主张对电子传输内容或产品“永久性”免征关税	允许征收国内税、规费或其他费用的例外情形	数字产品非歧视性待遇，同时非歧视性待遇的例外条件比较宽松	不得对使用密码技术并设计商用的通信产品强制实施或设立技术法规或合格判定程序，并作为制造、出售、分销、进口或使用该产品的条件，同时规定了两类例外情形		新加坡作为自由贸易港，投资自由便利水平较高，但对于广播、印刷媒体、金融、电信等，则采取立法限制和许可证制度进行监管和审查

续表

核心争议议题	数据的跨境传输与管理（数据主权）			数字产品与服务			数字知识产权		本地进入
主要经济体	数据跨境流动	数据本地化措施	规制要求或监管权——数据跨境流动监管模式	数字税收：数字传输关税（国际）	数字税收：数字服务税（国内）	数字产品的非歧视待遇（规制要求+例外情形）	数字技术	数字产品与服务（侵权盗版等）	数字企业的本地进入政策
中国	审慎开放的态度，在相互尊重国家安全的基础上解决数据跨境流动问题	支持	初步开展数据跨境安全评估试点，数据基础制度体系正加快构建	中国支持《全球电子商务宣言》关于免征电子传输关税的承诺	未涉及（中国一直以来都反对单边措施，主张通过加强国际税收的合作与协调，使税收方案更具有公平性）	尚未涉及（但建议充分了解尊重各国在行业发展状况、历史文化传统以及法律制度方面的差异）	《中华人民共和国密码法》明确，任何组织或个人不得窃取他人加密保护的信息	强化对网络视频、音乐及云盘等领域主要网络服务商的重要监管，落实平台企业的知识产权保护责任	中国实施的外商准入负面清单正在压减，其中海南自由贸易港负面清单和自由贸易试验区负面清单均已缩短至27条限制措施，包括增值电信业务在内的对外开放力度明显提高

资料来源：史丹，聂新伟，齐飞．数字经济全球化：技术竞争、规则博弈与中国选择［J］．管理世界，2023，39（9）：9.

1. 美国做法

美国主导全球数字技术和数字贸易规则，利用自身较高的数字基础建设水平，推行“数据自由主义”，遏制其他国家发展。数字技术方面，美国高度重视加密技术、源代码、交互式计算机服务等领域的知识产权保护（史丹等，2023）。

2. 欧盟主张

欧盟重视对个人隐私数据保护，主张数据在跨境流动过程中，要维持恰当措施，如充分性、白名单制度等，确保对个人隐私的保护，近年来，先后出台了《一般数据保护条例》《数字市场法》《数字服务法》等，对保护个人数据和规范数字市场发挥重要作用（史丹等，2023）。

3. 日本主张

日本主要以数字贸易振兴经济为诉求，通过参加 G20 等重要国家会议，提升在数字贸易领域的话语权。日本主张“可信赖的数据自由流动”，重视个人数据保护立法和政策，严格监管金融行业的数据安全（史丹等，2023）。日本对数字产品和服务贸易领域的贸易自由化政策较为宽松，其数字产品零关税覆盖率已高达99.4%。数字技术创新方面，日本不要求企业开放源代码，重视对企业产权的维护。

4. 中国模式

中国数字经济的贸易政策，综合考虑经济发展与国家安全的关系。中国主张数据自由流动与国家主权安全的平衡，推进数字贸易自由化。中国先后发布《全球数据安全倡议》《全球安全倡议概念文件》，指出要辩证处理数字技术、经济发展、国家安全、全球数字治理规则的关系。数字技术相关领域，重视对信息保护，如《中华人民共和国密码法》规定，任何组织和个人，不得窃取他人加工保密的信息。

5. 新加坡模式

新加坡数字贸易政策具有包容性、灵活性、开放性特点。新加坡倡导数据跨境流动，允许通过电子方式跨境获取商业信息，主要为数字贸易便利化。通过参与《数字经济伙伴关系协定》，主动寻求与其他国家的数字经济合作，寻求双方数字经贸合作的“共同点”，并且采用“模块化”方式寻求不同国家合作的利益共同点（史丹等，2023）。

第三节　中国数字经济监管导向

一、在发展中规范、在规范中发展

要规范数字经济发展，坚持促进发展和监管规范两手抓、两手都要硬，在发展中规范、在规范中发展。为加强对数字经济的监管，我国先后出台专门的文件，聚焦反垄断、数据流通、权益保障和安全防护等问题，如《关于平台经济领域的反垄断指南》《反垄断法》《中共中央、国务院关于构建数据基础制度更好发挥数据要素作用的意见》《个人信息保护法》《数据安全法》等，对于规范企业行为、维护知识产权、保障数字参与主体经营权益方面发挥重要作用。

二、政府对平台企业监管应“择机选择”

欧美凭借数字技术发展优势，主导主流的行业标准与贸易规则，中国监管部门需打破“管”的思维，调用产学研多方面资源，尊重市场规律，积极制定相应的中国数字经济行业标准（姜莱，2023）。对数字平台企业监管，需要结合平台企业发展情境，政府应当根据平台企业的产出规模、利用效率、消费者福利、数字企业竞争程度、平台企业垄断定价等，合理界定监管的“特定阈值”，进行应时与相机调节（郭凯明和刘冲，2023）。

三、警惕“差距”化“鸿沟”、“规则”化“壁垒”

需要警惕欧美主导的数字贸易秩序下，“差距”变为“鸿沟”，“规则”变为“壁垒”。关于数字化转型的影响存在不同观点，正向观点认为，数字化有助于提升财务绩效（Commander et al.，2011；Müller et al.，2018；赵宸宇等，2021）。反向观点认为，数字化转型并未提升全要素生产率（DeStefano et al.，2018），企业数字化转型与效率之间存在倒“U”形关系（刘淑春等，2021）。数字技术应用存在差异性，大数据、人工智能、移动互联网、云计算和物联网对企业绩效提升发挥正向作用，区块链未能提升企业绩效（金星晔等，2024）。需要正确厘清数字技术发展的边界，合理制定数字技术创新的“负面清单”，在维护国家主权与经济安全的前提下，重视市场规律，积极跟踪数字经济发展的最新进展。

四、探索“有为政府”与“有效市场”协同发展模式

数字经济迅速发展，对数字经济相关理论和数字经济监管提出新的要求。要发挥数字技术创新作为驱动中国经济发展的重要引擎作用，提升企业全要素生产率，通过管理、投资、营运、劳动等途径，赋能企业高质量发展（黄勃等，2023）。由于数字技术创新具有较高门槛和壁垒，企业面临“转”还是“不转”的两难选择，能否有效发挥数字技术创新对企业数字化转型的促进作用，提升企业数字资源利用效率，直接制约企业优化升级与高质量发展。要增强企业对数字技术创新的信心，降低研发过程中的“容错率”风险，避免“数字鸿沟”和对中小企业的挤出效应。由于数字经济发展存在“强强联

合”，加之数字技术创新资源在头部企业呈现海量数字资源集聚效应（张米尔等，2022），当企业存在研发泡沫和操纵行为时，容易导致创新增量不增质（张杰和郑文平，2018）。要强化对企业垄断行为和头部企业的监控，有效监督头部企业的经济行为，既要发挥头部企业在数字技术创新方面的主导作用，又要发挥头部企业的辐射带动作用，推进产业升级与促进中小企业发展。

数字技术创新对整个经济理论与发展模式提出新的挑战和要求，在有效监管企业数字技术创新，打造“有为政府”与“有效市场”，正确发挥市场在资源配置中的核心作用，促进数字技术创新提质增效方面，数字经济监管发挥重要作用。数字技术创新面临更迭速度加快，全球数字经济监管在不同周期，经历宽松、严格、制度规范的制度变迁（刘诚，2024），要发挥数字经济监管的正向作用，引导企业数字技术创新资源高效配置，赋能企业数字技术创新提质增效，探索“有为政府”与“有效市场”协同发展模式，需要资本市场各方参与者持之以恒，久久为功。

第四节　明星分析师的启发与对策

要坚持“原则导向”与“规则导向”辩证统一，重视来自明星分析师的重要启发。数字经济监管作为引导和维护企业数字技术创新的重要宏观调控方式，如何提升数字技术监管的执法水平，激活企业数字技术创新要素活力与积极性，积极参与高标准国际经贸规则中的数字技术创新相关议题与做好有效衔接，提升数字化发展水平，更好地融入全球供应链价值链过程中，维护中国供应链产业链安全，对数字经济监管提出新的诉求。数字经济与数字技术创新为企业高质量发展和“弯道超车”提供重要发展机遇，如何更好地探索数字经济监管的最优路径与顶层制度设计，更好地引导数字技术创新资源配置，打造“有为政府”和“有效市场”，赋能数字经济高质量发展，明星分析师提供了重要的启发和应对之策。

一、关注行业动态

明星分析师作为洞悉产业发展和产业动向的“先驱”，要积极关注产业发展动向，关注数字经济监管政策演变。明星分析师要通过加强自身的专业胜任能力，发挥预期引导和信息中介作用，积极引导数字经济发展，通过甄别数字技术创新，积极引导资本市场数字技术创新资源供需匹配。诸如，分析师“借道”数字技术创新成果，利用信息中介作用，甄别数字资源，运用人工智能、机器学习、区块链等技术，挖掘大数据信息含量，提高精准决策能力与发挥监督作用，提升公司治理水平（Yermack，2017；Zhu，2019；Ding et al.，2020；Commerford et al.，2022）。分析师可以综合企业发展潜力与前景，如从城市夜间灯光亮度，分析整体营商环境、商铺位置、交易流水等，结合城市规划、消费者偏好、线上综合评价等，预判企业经营业绩与发展前景（范子英等，2016；Huang，2018）。明星分析师要积极引导企业数字经济发展对标高标准国际经贸规则要求，深度参与对外开放和高质量发展。

二、提升全产业链自主运行能力

数字经济为各国经济发展升级与转型提供重要的“弯道超车”机遇。由于数字技术具有较高的产业壁垒，加之头部数字企业依旧存在“强者恒强”的“马太效应”，明星分析师要重视产业链供应链的安全，重视数字技术创新领域相关的产业链供应链可能的风险，从产业和中观研究视角，提供专业的投资建议，为资本市场数字技术相关的创新资源提供供需匹配信息支撑。

明星分析师要积极参与行业监管相关部门政策的“顶层设计”、产业协会、风险投资等，为产业政策制定与资本市场资本投向提供专业的咨询意见，增强在资本市场的“话语权”，提高资本市场资源配置效率。

三、规范明星分析师行为规范

数字经济存在较高的行业壁垒，加之头部企业具有充足的数字技术储备，中国资本市场个别企业为获取数字经济红利和数字经济优惠政策，可能存在“专利操纵”和“研发泡沫”行为，尤其是上市公司存在较大融资需求时，更倾向于拉高股价和增强股票流动性等行为。明星分析师作为重要资本市场信息中介，可能发挥较大的“助推器”作用，要进一步规范明星分析师行为规范，做好隔离墙制度建设、执行、优化等，向资本市场传递更多高质量信息，解读企业数字发展情境和数字技术发展阶段，甄别企业数字技术创新行为，积极引导资本市场创新资源供需匹配。数字经济直接关系国家安全与发展，要增强明星分析师对国家经济与产业安全的政治意识，增强金融服务实体经济与产业升级的关键性作用。

四、打造明星分析师的“工匠精神”

“物以类聚，人以群分”的资本市场上依然存在诸多谜团，明星分析师关注充斥着各种“异象”。明星分析师团队各有差异，有的以“推票”为主，走“质”的路线；有的以“关系”与“曝光率”为主，走“量”的路线；不同明星分析师团队的类型却得到资本市场上评选机构的“认同”与“选票”，也说明资本市场的多样性与包容性，但依然需要做到“工匠精神”，做到某一细分行业的“专才”，急功近利的行为在资本市场上注定被“摒弃”。只有在市场中发布高价值的研究报告，才能得到长久永续发展，短期行为终究被市场与时间检验、识破、抛弃。

第六章　数字技术创新与实体经济融合的深度思考

——来自明星分析师的启发

随着中国经济的迅猛发展，如何更好地进行数字化转型，提升数字经济的发展质量与发展层次，维护产业链供应链安全，基于资本市场中观视角——明星分析师提供的重要启发，对宏观视角、中观视角、微观视角等，将提供重要启发与借鉴意义。

第一节　深刻认识数字经济与实体经济融合的必要性

数字技术创新作为驱动数字经济发展的重要支撑，数字技术包括数字产业化与产业数字化两方面的内容，数字产业化主要重视数字技术发展本身，主要依靠数字技术和数字基础设施支撑，如区块链、大数据、人工智能等，数字产业化为产业数字化提供重要的数字技术支撑和数字基础设施等。产业数字化主要是吸收和借鉴数字技术创新的成果，对传统实体经济赋能，将数字技术创新成果应用到实体经济与企业主体，推进产业数字化进程。数字技术创新驱动下的数字经济，产品的更新迭代与新的商业场景不断涌现，进一步加速了产业升级速度。中国以制造业为主，通过将数字技术创新最新成果嵌套到企业相应的产品中，对提升产品的技术含量与经济附加值提供重要的"弯道超车"机遇。企业在推进产业数字化的过程中，如果跟不上相应数字化转型速度，那么将在数字技术创新技术应用、生产流程改造、市场供需格局改变等方面，存在滞后性，同时数字技术创造存在"数字鸿沟"问题，将进一步拉大企业的数字化发展差距，对于生产流程优化、产业链供应链稳定、库存管理系统动态调控、新市场开拓等带来消极影响，难以实现领先优势，对其核心竞争力有损。

数据要素的作用越来越重要，数据生成力正成为驱动新质生产力的关键。数据生产力主要由算力、算法、数据组成。算力构成数据生产力的底层支撑，算法决定机器智能化水平，数据通过训练的机器学习进行持续优化，数据可以重复使用和自行迭代，具有可持续性，降低生产成本。数据生产力的实际进度与效率，直接关系数字技术创新质量，对流通渠道、流通链条、流通场景、产销环节、市场需求、供应链等，带来重大影响，直接关系生产效率提升。

数字技术创新对优化经济系统的生产要素配置，发挥重要作用。宏观视角，要重视数字技术创新的跨部门流动，增强市场主体的互联互通。要提升政府治理水平，政府要积极利用数字技术创新成果，收集大数据，进行大数据决策。政府作为数字基础设施的重要投入机构，也要根据掌握的数字技术创新成果，调整新型数字基础设施（陈雨露，2023）。

数字技术创新有助于促进就业，表现为数字技术创新研发等相应人才需求增加。数字技术创新也促进消费升级，通过嵌套数字技术创新最新成果，对提升消费者体验感、获得感、满意感等带来积极影响。数字技术创新带来就业升级的同时，也存在对就业的“挤出”效应，表现为“数字鸿沟”、算法歧视、平台垄断等行为（陈雨露，2023）。

第二节　数字技术创新对实体经济融合的路径探索

一、宏观视角

1. 加强数字技术创新的体制机制建设

要面对中国存在的数字技术创新短板，加强关键性领域的核心技术工艺、关键工业软件、嵌入式芯片、底层操作系统等关键技术的研发投入，增强产业链供应链稳定（周文和汉文龙，2024）。要重视原创性和从 0 至 1 的研发投入，合理选择资本市场创新资源介入，降低综合成本（陈雨露，2023）。

2. 重视数字技术创新的成果转化，增强产教融合

要积极吸引高校研发资源，做好高校数字创新技术的成果转化，明星分析师提供更好的行业信息、供应商信息、产业链供应链信息，增强产教融合的匹配程度。

3. 数据平台的建立

要立足国家发展战略，重点培育产业链“链主”，促进延链固链强链；重视企业的短板，重视对大数据、核心关键技术、新兴领域的开拓性创新，重视从无到有的新突破。提升头部企业的国际化趋同，积极缩小同发达国家差距，增强数字经济全球治理的参与度和话语权（陈雨露，2023）。

4. 加强数据要素市场建设

2022年12月，中共中央、国务院发布《关于构建数据基础制度更好发挥数据要素作用的意见》，对数据产权、流通、交易、收益、分配、安全治理等进行了详细规定。宏观视角，要重视对数据产业政策的解读，优化数据要素立法，合理反映各方有效诉求，要做好“正面清单”和“负面清单”的科学界定和红线划定，在保障中国数字产业链供应链安全的前提下，激活要素市场活力。要积极挖掘市场情境，增加高质量数据要素的有效供给，提升对数字技术创新的促进作用。

5. 强化数字技术创新的国际化路线，选择合适的合作方式，积极融入数字技术创新过程中

“数字鸿沟”的实质是由于数字设备接入、数字技术使用、数字能力培育等方面存在差异，导致个人、企业、国家的不平等（陈雨露，2023）。国际层面，以积极弥合“数字鸿沟”为契机，寻找数字经济合作伙伴（陈雨露，2023）。直接方面，可以积极探索国内数字企业融入高标准数字贸易协定，比如直接融入高标准数字经济国际贸易协定，探索直接出海的实践经验。间接方面，要积极探索与已经签订高标准数字经济国际贸易规则相关国家、未签订数字经济国际贸易协定国家、金砖国家、共建“一带一路”国家等的合作方式，积极同不同层次和发展水平的数字技术创新相关企业合作。

二、中观视角

利用企业数字化转型对传统产业进行升级改造：要积极打造产业园区和产业集群数字化转型。重视支撑服务生态的建立，如人力资源配备、组织创新、产业生态培育等。诸如，可以通过数字技术将企业“专精特新”的市场优势置于产业集群建设、产业链分工深化以及产业整体升级的过程中，与国家整体基础设施、创新生态和产业生态等形成良性互动（洪银兴和任保平，

2023）。

三、微观视角

要发挥数字技术创新在驱动业务增长和增强企业数字创新质量方面的关键作用，要以提升营运效率为目的，激活冗余资源利用效率。要增强数据驱动、数据获取、数据整合、数据商业应用。要重视数字技术创新的投资回报率，明星分析师积极选择不同的估值方式，对数字技术创新进行预测。

第三节　明星分析师破局之道与启发

一、宏观视角

明星分析师要增强对数字技术创新政策与数字经济产业动态的相关研究，积极参与行业政策发布会、行业协会等活动，紧跟数字技术创新的监管动向与“负面清单”，增强投资者对数字技术政策的解读能力。

成果转化方面，明星分析师要发挥特质信息与私有信息优势，积极探索不同的数字技术创新的产学融合、产教融合，提供更多的企业和行业信息，增强理论研究与商业应用的衔接，提升成果转化成功率。

数据平台建设方面，明星分析师要积极跟踪国家大学数据平台的最新变动，提供更多前瞻性、预判性的相关信息，为国内企业数据平台制定数字技术创新发展战略和合理投放研发投入提供信息支撑。要结合行业发展情境，积极探索适合企业的数据要素建设，对数据要素的产权、收益、分配、安全治理等，提供更多来自行业发展情境、企业发展层次等方面的相关信息，加强数据要素市场构建。

国际化趋同方面，明星分析师要提供更多关于数字技术创新国际经贸规则、出口国国家的综合情况，既要做到国内数字企业与数字技术创新同发达国家的趋同，又要针对企业自身的数字技术创新瓶颈，积极采用自主研发、购买、并购等不同合作方式，对可能的成本收益进行综合测算，弥补企业数字技术创新短板。

二、中观视角

明星分析师要以产业集群为目标，积极寻求适合企业数字技术创新与数字化转型的优化路径。明星分析师要以行业研究和行业发展为考量，甄别企业数字技术创新与数字化转型进展，积极为不同资源禀赋与发展层次的数字企业提供产业资源信息，增强不同数字企业合作，发挥协调效应。明星分析师要针对产业政策的最新变化，积极引导企业数字化转型与数字技术创新相关资源投放，做到有组织、有选择、有所侧重的数字技术创新实践。

三、微观视角

明星分析师要积极发挥信息中介作用，利用资本市场资源积累，甄别数据要素成果，对企业流程优化、运营效率、资源配置、数据安全等方面进行数字技术创新嵌套，推进数字化转型。由于数字技术创新存在一定风险，因此明星分析师要重视对数字技术创新的投入与产出的测算，对成本收益进行测算，选择合适的估值模式，提升对数字技术创新的预测精准性。由于明星分析师存在行业排名差异，因此要重视明星分析师行业第一名研究报告对企业数字技术创新的解读，同时要重视不同排名明星分析师对数字技术创新的解读能力，嵌入实体经济的进展和综合研判，缓解信息不对称与增强投资者认知。

第七章　明星分析师职业道德与数字技术创新风险

数字技术创新作为当下数字中国的重要驱动力，在赋能企业高质量发展与产业链供应链优化升级过程中，依旧存在诸多痛点和堵点。明星分析师作为资本市场信息中介，能否发挥作用，一直存在“信息观”与“噪音观”争议。同时，研发具有高风险性，明星分析师具有乐观型偏好，对研发行为存在“压力说”与“动力说”的不同作用，进而导致不同的经济后果。

数字技术创新融合众多数据要素，基于区块链、大数据、人工智能等最新技术，明星分析师作为重要的行业专家，如何解读与甄别数字技术创新，发布更多高质量的研究报告，依旧存在诸多非对称行为，存在较好的专业胜任能力与研究能力不足两种状况，尤其是明星分析师评选机制下，存在“真话不全讲”“假话经常讲”的经济行为。当股票价格与明星分析师研究报告发布时点严重背离时，就会导致资本市场中小投资者对明星分析师的“诟病”。

如何正确处理数字技术创新与明星分析师的职业道德，依旧有诸多领域需要探索，具体如下：

一是明星分析师要客观审慎认知数字技术创新风险，提升研究报告的信息含量。研发作为驱动企业升级与高质量发展的重要引擎，风险与收益存在非确定关系，尤其是当未知因素过多，企业研发能力欠佳，盲目跟风时，更容易导致出现“南辕北辙”的背离。企业数字化转型与数字技术创新，对数据要素的生产、流通、交换、分配等提出较高要求，正在重塑并形成新模式、新市场、新需求等，呈现强者恒强与资源集聚效应。已有研究表明，中小企业具有“不转等死”与“转不成功”等尴尬行为（宋华和陈思洁，2021；李晓娣等，2021；董香书等，2022），为帮不同资源禀赋企业识别风险，提升管理层的研发积极性和相关信息含量，合理选择不同的研发创新模式与路径，降低和分散研发风险，明星分析师需要进一步提升专业胜任能力，增强对数字化转型与数字技术创新应用情况的综合研究，通过发挥资本市场信息中介作用，强化资本市场数字资源与企业实践的供需匹配，激活企业数字技术创新活力与积极性，赋能数字经济新质生产力发展。

二是增强明星分析师职业道德。由于明星分析师主要收入来源为买方机构佣金和派点，能否上榜明星分析师，机构投票和认可度成为决定因素。以中国新财富明星分析师评选为例，通过对买方机构的资金规模进行投票和权重赋值，服务好主要大型买方机构，获取大型买方机构的认可，将成为明星分析师上榜或者连任的重要因素。明星分析师为满足买方机构的特殊利益诉求，如融资、增发、股权质押、并购、股票卖出等行为，更倾向通过特殊方式，让明星分析师发声，通过发布研究报告，进行市值管理。随着数字化转型和数字技术创新的迅猛发展，数字技术创新专利的不断涌现，增大了企业的研发泡沫。由于信息不对称，中小投资者更加难以全面理解企业可能存在的研发进展，更加容易导致市场资源错误配置。数字技术创新有风险，明星分析师具有较好的专业胜任能力，但基于中国特殊的明星分析师评选规则，明星分析师对企业数字技术创新更多存在“锦上添花”的羊群行为，当企业存在数字技术创新阻碍与研发失败时，明星分析师更多地选择沉默，资本市场上看空的研究报告鲜有涉及。高效透明的资本市场，明星分析师发布研究报告应该坚持独立性和客观性，看多和看空的研究报告类型应该成为市场常态，但是明星分析师发布的研究报告，特立独行与高质量的研究报告依旧不足。如何进行明星分析师职业道德建设，让明星分析师“敢于发声”，全面客观传递数字技术创新进展，需要在顶层设计、制度优化、明星分析师考核评价机制、市场溯源、可验证性、相关性与可靠性方面进行重大变革，通过完善明星分析师的职业道德建设体系，赋能金融高质量发展与金融强国战略实施。

三是构建"信息披露制度—金融市场—明星分析师声誉"联动效应。资本市场关于企业研发的信息披露途径主要通过财务报表和附注中批准，由于研发具有较高的行业壁垒和商业秘密，企业存在有选择性的披露。明星分析师研究报告对企业数字技术创新解读存在一定的局限性，尤其当涉及公司商业机密时，会有选择地披露，投资者限于研发"黑箱"中，难以理解企业"全貌"。明星分析师研究报告如何设定数字技术创新披露边界和红线，正确处理企业安全与发展的辩证关系，选择科学规范的披露方式，向市场传递更多数字技术创新信息，需要其在专业胜任能力上更加敬业、专注。数字技术创新存在差异性，尤其是当数字企业进入新的地区时，可能存在行政壁垒、阻点、流动等瓶颈，如何提升企业数字技术创新的抗风险能力，降低与分散研发风险，需要明星分析师更多地吸引资本市场专业机构投资者、风险投资者、专业资本等涌入和提供技术支撑。由于数字化转型存在风险，以及企业可能存在"伪"数字化转型行为，需要明星分析师更多发布具有"真知灼见"与"字字珠玑"的研究报告类型，通过深度聚焦企业数字技术创新进展，提升明星分析师的研究能力与声誉。当明星分析师存在"滥竽充数"与名不副实行为，如发布"随波逐流"的研究报告类型，以及可能存在与企业、买方机构的操纵行为时，要做到重点监管，维护市场的公平与营造良好的市场氛围。

四是构建完善的"资本市场—明星分析师中介—科技伦理"机制。数字技术创新与数字经济迅猛发展，促进经济发展的同时，又存在拉大不同发展差异和发展水平企业的"数字鸿沟"问题。由于数字技术创新存在较高的壁垒，当自身数字技术发展水平较低，一旦被“游离”到数字经济经贸规则之外，将面临巨大的制度成本，并且直接提高与其高标准数字区域贸易协定合作的综合成本。明星分析师作为重要的产业专家和行业专家，既要关注世界主要发达经济体的数字技术成果、行业前沿、监管动态等，又要结合本行业的数字技术创新和数字经济发展情境，做到对行业内不同发展差异和发展水平企业的信息互联互通，发挥集群效应。由于数字技术创新建立在数字基础设施之上，而中国东西部地区存在差异，因此存在数字发展水平差异。明星分析师要发挥信息中介作用，既要对数字技术创新政策综合研判，又要积极传递中小企业的诉求，积极为中小企业发声，对可能的财政金融政策，中小企业资金需求，平台企业的规范行为、规范资本行为、反对垄断行为等，传递中小企业的诉求，维护良好的市场竞争秩序。

数字技术创新在驱动数字经济发展的同时，也存在一定的负面效应。由于美国主导数字经济贸易规则的主动权，将本国数字技术的标准强加给其他国家，尤其表现在数据开源、知识产权保护、透明度与开放度等方面，执行严格的高标准要求，对于数字技术创新欠发达国家，将面临巨大的发展和安全问题。随着人工智能、区块链、大数据平台等方面发展，数字技术创新也导致资源的再分配效应、中低劳动者失业、国内数字产业化滞后、产业数字化难以进阶等问题，衍生出贫困、失业、低端锁定、产业边缘化等问题，导致严重的科技伦理问题。明星分析师作为中国资本市场重要信息中介，既要对标资本市场高质量发展要求，又要立足行业内数字技术创新和数字化转型情境，引导数字技术创新资源的科学配置，在发展中实现安全，在安全中推进发展，实现数字技术创新的进阶升级，推进共同富裕进程，降低可能的科技伦理问题，赋能数字经济高质量发展。

第八章　结论和政策建议

第一节　研究结论

明星分析师作为资本市场的重要参与者，本书通过聚焦明星分析师异质性视角，结合新质生产力情境，研究明星分析师异质性对企业数字技术创新影响。通过将明星分析师细分为明星分析师第一名关注和明星分析师非第一名关注，研究发现，明星分析师第一名关注提升了企业数字技术创新进程。机制分析表明，明星分析师第一名通过提升数字化转型水平、提高股票信息含量、提高研发投入、提升营运效率、增强产品获利能力的途径，推进企业数字技术创新进程。异质性分析中，明星分析师第一名关注在数字产品和数字服务业、国家高新、公司规模大的分组中，结果更加显著，存在一定的选择性偏好，需要审慎认知；当处于不同的融资约束情境时，实证结果均显著，体现其较好的专业胜任能力。明星分析师作为行业第一名，对数字技术创新发挥积极作用。

明星分析师非第一名关注提升了制造业数字技术创新进程。机制分析表明，明星分析师非第一名关注通过提升数字化转型、增加研发投入、增加股票信息含量、激活冗余资源利用效率、提升营运效率，促进了企业的数字技术创新。异质性分析表明，明星分析师非第一名仅能解读国有企业、公司规模较大、管理层持股比例小的分组，存在一定的选择性偏差。明星分析师作为中国资本市场的重要参与者，对数字技术创新发挥积极作用。

数字经济监管对企业数字技术创新“提质增效”发挥重要作用。数字经济监管需要正确处理好“有为政府”与“有效市场”的辩证关系，做好数字经济监管的顶层设计和最优监管路径，营造良好的营商环境，促进企业数字技术创新的“提质增效”。同时，要重视数字经济监管对企业积极性、监管力度、企业融资等方面可能存在的抑制作用，发挥数字经济监管对不同资源禀赋、发展水平企业数字技术创新的引导和精准施策，缩小企业数字技术创新的“数字鸿沟”，赋能经济高质量发展，推进共同富裕。

第二节　对策和启发

第一，数字经济时代，要推动政府监管转型，要注重以下变化和特征：

一是数据化。数据作为继劳动、土地、资本、技术后的新的生产要素，成为当下数字经济的核心，也是数字技术创新的重要基础。数字资源的存储、利用、挖掘和共享，成为高质量发展的重要特征。由于海量数据对算法、硬件、软件等提出较高要求，尤其是当下存在巨大的“数字鸿沟”问题，既冲击传统的政府监管理念，又面临着“数据确权、数据定价、数据安全、数据伦理、数据监管”等一系列现实问题，需要政府择时与择机进行数字经济监管的动态监测与调控。

二是平台化。数字平台的建立，对政府监管的分散监管、实地监管、线下监管等带来重大冲击，将驱动政府监管朝着数字化监管的新模式发展。由于平台化建立在海量的数字资源基础之上，可能存在更大的信息不对称风险，同时，现实的经济运行中，出现了“掐尖式并购”“二选一”“大数据杀熟”等问题，给数字经济监管、规范平台行为、引导数字经济技术创新良性发展带来新的挑战。

三是动态化。数字经济时代，由数字技术创新驱动的新技术、新产品、新模式、新业态等正逐步实现快速升级与迭代，传统经济学的资源稀缺性假设被打破，如何对数字资源、配置机制、供需规律、行业标准、竞争规则等进行重塑，对数字经济监管带来新的冲击，如何科学与理性地进行数字技术创新与监管，将带来新的挑战和冲击。

第二，数字经济监管对推动和引领数字技术创新发挥重要作用。数字技术创新作为数字经济发展的重要动力，为企业高质量发展与提升全要素生产率提供重要“弯道超车”机遇。但是，数字经济监管必须坚持与时俱进与客观审慎。如何更好地优化数字经济监管政策与实践，本书提供了重要的启发，具体如下：

一是进一步完善“金融市场—金融机构—实体经济”体制机制。风险较高的前瞻性创新行业的技术研发，更适合金融市场融资（林毅夫等，2009；孙希芳等，2014）。新质生产力情境下，对数字中国、数字经济与实体经济融合提出更高要求，既要提高数字经济创新资源的资源配置效率，又要兼顾公平，以共同富裕为诉求，重视对不同发展层次、不同发展水平企业的支撑力度。需要打破“金融市场—金融机构—实体经济”的壁垒与降低信息不对称，明星分析师作为重要的资本市场中介，要发挥专业胜任能力，积极甄别资本市场数字技术创新资源，建立起资本市场与实体经济的“枢纽”，提高金融市场服务实体经济的积极性和主动性，激活数据要素活力。国家鼓励企业数字化转型，由于数字化转型存在较高壁垒，企业转型过程中依旧面临

“转不成功”与“一转就死”等尴尬情况，尤其是企业存在数字化“泡沫”时，更容易导致数字化资源错配。明星分析师作为中国资本市场的风向标，既要发挥分析师的专业胜任能力，对企业择时择票给予专业的投资建议，又要甄别资本市场数字化资源，引导资本市场数字化资源配置，明星分析师作为重要的资本市场信息中介，发挥重要“枢纽作用”。

二是强化“原则导向”，弱化“规则导向”，激发数字企业的创新性和主动性。对不同平台实施特定监管、分类监管和专业化监管，数字经济监管要密切联系行业发展动态和全球数字经济监管的最新监管政策变动，积极制定适合不同发展层次和资源禀赋企业的数字技术创新支持政策，促进数字技术创新的“提质增效”，推进数字化进程。在坚持“原则导向”的前提下，重视市场秩序、公平公正、合法合规等前提下，弱化“规则导向”，赋予数字企业一定的创新自主权和活力，更好地探索自主创新与提升研发实力。要正确处理好市场和政府的关系，合理界定中央和地方权责关系，处理好传统产业、新兴产业与未来产业的关系，营造良好的市场环境、营商环境、发展环境（中国科学院科技战略咨询研究院，2023）。“0~1”的原创性基础研究，由政府财政主导，也要鼓励多元化社会资本投入；“1~100”的技术开放，要采取政府和市场相结合，发挥财政资金引导作用，以实际需求为导向，推进技术创新和成果转化；“100以上”的产业化应用主要靠市场，通过科技金融政策和风险投资，形成竞争力（周文和叶蕾，2024）。

三是坚持数字经济的金融创新与风险管控并重，数字经济下的金融效率与金融稳定并重，提高数字经济监管的信息化水平、响应速度及与时俱进的监管能力。数字技术创新融合数字经济的最新成果，通过大数据、区块链、人工智能等数字技术创新工具的嵌入，对数字经济商业应用场景发挥重要作用。但是，由于数字技术的迅猛发展，现实中出现了数字领域的垄断倾向、科技伦理、中小企业的“挤出效应”等。如何做好对数字技术创新的调控，发挥数字技术创新过程中的金融创新与风险管控的辩证关系，更多熟知企业数字技术创新的最新进展，需要增强监管部门的执法能力，要根据数字技术创新的最新进展，及时调整监管政策，更好引导数字经济发展。同时，要加强与金融市场的互联互通，对企业存在的融资约束、技术瓶颈等，进行针对性的“纾困”，促进财政与金融的提质增效，更好地激活数字技术创新要素活力，促进数字经济发展，践行新质生产力的客观要求。

四是注重统筹数字技术创新发展和安全关系，在数字技术创新的高质量发展中，化解风险，既要防止过度追求数字技术创新发展而侵蚀金融安全基础，又要防止过度追求数字技术创新的金融安全对金融发展的抑制，促进数字技术创新金融良性循环。数字技术创新具有一定的风险，金融资源要提升对数字创新资源的筛选能力，对发展潜力和应用前景较好的数字技术创新重点提供资金支撑，明星分析师要增强金融机构的放贷意愿，为金融机构提供更多的行业信息与发展动向。

五是深度参与对外开放，积极探索对标国际高标准经贸规则，探索与国际通行规则相一致和互相衔接的数字经济监管体系。随着中美贸易摩擦不断，中国参与世界经济产业链供应链过程中，为数字经济和数字技术创新提供重要的“弯道超车”机遇。要积极研究和探索数字技术创新如何赋能数字化进程和经济高质量发展，如何进行最优路径探索，探索与高标准国际经贸规则的衔接与协同，支持企业的“出海”战略，为建设数字强国提供重要支撑。

六是要重视数字技术创新在推动产业升级和经济高质量发展方面的重要作用，合理发挥数字经济监管作用，引导和提升数字资源的资源配置效率，推进共同富裕进程。数字技术监管需要处理“企业—政府—市场”的特殊关系（江小涓和黄颖轩，2021）。数字经济监管对数字技术创新的“提质增效”影响存在争议，要重视数字经济监管对不同发展层次企业的差异性；需进一步细化和动态调节对数字经济技术创新的顶层设计和路径优化，探索不同周期数字经济监管下的宽松、严格、制度规范路径选择和优化，探索不同数字技术应用场景的监管制度建构，重视对不同资源禀赋和发展阶段企业的精准监管，既要为数字经济发展赋能，又要重视中小企业数字化发展，进行有效宏观政策和金融支撑，防止资本的无序扩张和防止大型数字头部企业通过垄断等方式对中小企业数字技术创新的“挤出效应”，完善科技伦理制度，科学合理界定“科技—企业—政府”的边界，更好地推进数字企业的共同富裕进程。

第三，要以金融高质量发展为诉求，发挥明星分析师在提升资本市场定价效率方面的重要作用，通过明星分析师的中观研究，赋能数字技术创新，促进数字新质生产力实施。具体启发如下：

一是新发展格局下，如何更好地实施创新驱动国家战略实施，需要进一步提升资本市场定价效率。中国当前研发总量虽然跃居世界第二位，但是依然存在“增量不增质”的窘境。形成国家创新优势的重要发展路径之一，需要引导与挖掘量广质优风险资本的深度参与，为创新型资本形成良好的金融资源配置体系（何德旭，2021）。随着创新驱动国家战略的实施，需要进一步强化对专利研发相关政策的制定与优化。明星分析师通过发挥中观研究，如何搭建起“宏观”与微观企业的主体，更好地向资本市场传递研发的深层次信息，将资本市场创新资源的供给端与需求端进行“匹配”，提升资源配置效率与要素生产率，需要体制机制的进一步完善。同时，应该试图探索与完善明星分析师的声誉机制考核体系，将更多的“黑嘴行为”与信息失真研究报告、“滥竽充数”的数量披露模式等纳入考核体系中，通过倒逼研究报告的质量提升来提升资本市场定价效率。

二是发挥明星分析师对数字技术创新风险的分散效应，降低综合成本。金融推动技术创新有三种机制：其一，金融机构评估企业的研发行为，为其提供融资支撑，对技术创新产生筛选和推进作用。其二，金融机构评估技术创新所需要的综合成本。随着金融发展和金融体系发展降低综合成本，推进技术创新和经济发展。其三，金融体系使创新活动风险得到分散（King and Levine，1993）。明星分析师在长期“干中学”的研究过程中，积累了丰富的特质信息和私有信息（伊志宏和江轩宇，2013），要增强明星分析师在甄别数字技术创新资源过程中的信息中介作用，通过专业金融机构，更好地甄别企业数字化进程，提供融资支撑，增强资本市场对企业“容错率”的认可，提高企业积极性和主动性。数字经济具有集聚效应，要通过数字经济的带动和辐射作用，推进产业数字化与数字产业化进程，明星分析师要结合对数字经济的产业研判，为企业数字技术创新行为提供来自产业前沿、市场供需、技术更新、经济周期等方面的多维度信息，提升企业数字技术创新的绩效。

三是重视明星分析师异质性的特殊作用。明星分析师第一名关注对数字技术创新具有引领性、前瞻性、预见性、洞察性，积极打造行业标杆。明星分析师评选存在激烈竞争，在名利双收的巨大激励机制下，明星分析师为了上榜行业第一名，在服务买方机构、研究报告质量等方面进行激烈博弈。尽管明星分析师第一名得到买方机构的投票认可，但是新财富评选主要基于机构的资金权重进行打分，资金量大的公募基金、私募基金等成为明星分析师重点服务的对象，可能存在进一步增大信息不对称风险，尤其是数字技术创新面临较高的不确定性和未知风险，当“上市公司—明星分析师—买方机构”三者勾结时，更容易导致资本市场数字创新资源错配。明星分析师作为评价分析师能力的参考指标之一，现实中也出现有损明星分析师评选的经济行为，如2018年因“饭局门”事件，导致当年新财富明星分析师评选终止，并且造成较为严重的负面市场影响。中国资本市场的高质量发展，离不开金融市场的高质量发展，离不开金融中介的支撑。作为中国分析师评选的风向标，如何进一步优化明星分析师评选机制，规范明星分析师评选行为，提升研究报告质量，正确解读企业数字技术创新进程，需要监管方、分析师、评选机构、投资者等各方参与者群策群力。

四是形成有效的评选机制，激发明星分析师的积极性和主动性。明星分析师存在激烈的竞争，明星分析师不能上榜行业第一名，可能存在两种可能性：一种是“弃真”风险，明星分析师非第一名可能具有较好的研究能力，对数字技术创新的解读和预见性、择票和择时能力具有较好的解读能力，买方机构可能基于同既往分析师的关系，倾向选择与自己有业务往来的分析师，存在一定的主观倾向，存在“弃真”的可能性。另一种是“纳伪”可能性，明星分析师评选主要由买方机构评选，存在既当“运动员”，又当“裁判员”的行为，对独立性、客观性带来一定冲击。当“纳伪”行为发生时，可能对明星分析师负面影响更大，尤其会加剧资本市场数字资源的错配风险。由于明星分析师激烈竞争，明星分析师第一名与明星分析师非第一名存在特质信息与非特质信息的博弈，存在“人无我有”与“人有我优”的激烈博弈，存在“人云亦云”与“特立独行”的研报策略。明星分析师团队各有差异，有的以“推票”为主，走“质”的路线；有的以“关系”与“曝光率”为主，走“量”的路线；不同明星分析师团队的类型却得到资本市场上评选机构的“认同”与“选票”，也说明资本市场的多样性与包容性，但依然需要做到“工匠精神”，做某一细分行业的“专才”，急功近利的行为在资本市场上注定被“摒弃”。只有在市场中发布高价值的研究报告，才能得到长久永续发展，短期行为终究被市场与时间检验、识破、抛弃。明星分析师研究报告具有可溯源性、可验证性，随着资本市场的逐步发展和完善，具有较好专业胜任能力的明星分析师终将被资本市场识别。需要进一步对不同排名明星分析师跟踪相同上市公司数字技术创新与数字化转型研究报告的跟踪，重视不同的研究报告的估值模型、预期结论、发布时点等，进一步缓解信息不对称。

五是“借道”资本市场的数字经济创新资源，发挥信息中介作用，提高信息透明度，促进企业数字技术创新进程。明星分析师具有长期的行业研究优势，对产业布局、发展状况、市场供需、技术瓶颈等有着较为深刻的解读。

要发挥明星分析师行业专家和中观研究优势，重视对资本市场数字技术创新资源的甄别，引导资本市场数字技术创新资源的供需匹配。明星分析师作为重要的行业专家，要注重对中国产业链供应链安全的综合研判，既要合理引导数字技术创新资源的供需匹配，又要注重对不同发展层次和数字资源禀赋企业的数字化发展进展，更好地发挥预期引导作用和强化资本市场数字技术创新资源的供需匹配，发挥协同作用，促进数字经济与实体经济的深度融合，打造具有国际竞争力的数字化产业集群。

六是监管部门重视对明星分析师研究报告监管，做到留痕管理，侧重于对数据来源、估值模型、投资建议与推荐目标公司的可靠性与相关性。由于明星分析师需要服务众多买方机构，现实的资本市场发展中，明星分析师存在“多多益善”的研究报告发布策略，大大降低研究报告的质量，需要进一步规范明星分析师的研究报告发布行为，尤其是数字技术创新和数字化转型涉及公司发展战略、行业前沿、产业变革、技术迭代等众多因素，鼓励明星分析师发布深度研究报告，多视角与多维度地解读企业数字化转型与数字技术创新，增强资本市场投资者的认知和增强管理层数字技术创新研发意愿，通过发挥数字技术创新的“增效提质”作用，促进企业高质量发展。

第三节　不足与展望

明星分析师尤其是新财富明星分析师的评选，在经历 2018 年方正证券的“饭局门”被监管机构叫停之后，“急功近利”和“选票至上”的短期行为将会得到进一步抑制。随着 2019 年新财富明星分析师的重启，明星分析师未来之路，也将面临着更多的挑战和转型。随着当前我国不断放宽证券行业的准入门槛和外商持股比例限制，随着中国的众多股票不断被融入全球股票指数，比如富时罗素国际指数、MSCI 指数等，更多的国内上榜公司，将会被全球资本市场关注、研究，未来的竞争将是全球性的。中国的券商分析师既面对同行分析师竞争，也将面临着来自国际市场上分析师的激烈竞争，不同投资理念与情境下的分析师，也会激起更加残酷的竞争和优胜劣汰。

作为明星分析师，未来的发展之路如何，如何在激烈的资本市场与外资分析师“厮杀”？如何实现在当前中国特殊情境下，实现分析师的转型，以适应市场的诉求，探索差异化的发展方向？分析师、监管机构、投资者等众多资本市场参与者的角色如何定位，“权力清单”与“负面清单”究竟如何缩减或扩充，依旧值得进一步深入研究。囿于能力、篇幅有限，本书未能进一步深入展开。证监会主席易会满指出，股市牵动亿万投资者的心，监管者面对着股市的“火山口”，每天都是现场直播。资本市场各方要敬畏市场、敬畏法治、敬畏专业、敬畏风险，发挥分析师尤其明星分析师的才智与作用，引导资源配置，传递并挖掘公司价值，共同维护资本市场平稳健康发展。

数字技术创新存在较高的技术壁垒和“数字鸿沟”，企业是否具有更强的动机和资源投入进行数字技术创新，存在未知因素和不可控风险。未来可采用案例研究，重点跟踪头部企业、中小型企业等不同类型企业的数字技术创新实践，探索有助于数字技术创新的企业微观实践经验，促进数字技术创新的“提质增效”。

数字经济监管作为规范和引导数字技术创新发展的重要宏观调控方式，需要做好监管和政策制定的科学性、预见性和前瞻性，要积极对标高标准国际经贸规制相关数字监管规定，为中国企业数字技术创新的“走出去”战略与国际化水平做好政策支撑、衔接与可能的数字经济贸易摩擦冲突应对机制，“先试先行”，未来可供研究的方向有数字经济监管的国际趋同问题、最优“出海战略”、明星分析师与数字经济新质生产力高质量发展等。

参考文献

[1] Adhikari B K , Agrawal A. Religion, gambling attitudes and corporate innovation [J]. Journal of Corporate Finance, 2016, 37 (4): 229-324.

[2] Amihud Y. Illiquidity and stock returns: Cross-section and time-series effects [J]. Journal of Financial Markets, 2002, 5 (1): 31-56.

[3] Bartov E, Givoly D, Hayn C. The rewards to meeting or beating earnings expectations [J]. Journal of Accounting and Economics, 2016, 33 (2) : 173-204.

[4] Balashov, Vadim S. Do analysts who move markets have better careers? [J]. The Journal of Financial Research, 2018, 41 (2): 181-212.

[5] Barth M E, Hutton A P. Analyst earnings forecast revisions and the pricing of accruals [J]. Review of Accounting Studies, 2004, 9 (1): 59-96.

[6] Bradley D, Gokkaya S, Liu X. Before an analyst becomes an analyst: Does industry experience matter? [J]. The Journal of Finance, 2017, 72 (2): 42-43.

[7] Bondt, Thaler R. Does the stock market overreact? [J]. Journal of Finance, 1985, 40 (3): 793-805.

[8] Commander S, Harrison R, Menezes-Filho N. ICT and productivity in developing countries: New firm-Level evidence from Brazil and India [J]. Review of Economics and Statistics, 2011, 93 (2): 528-541.

[9] Chia-Chun H, Hui K W, Zhang Y. Analyst report readability and stock returns [J]. Journal of Business Finance & Accounting, 2016, 43 (1): 98-130.

[10] Chung K H, Jo H. The impact of security analysts' monitoring and marketing functions on the market value of firms [J]. Journal of Financial & Quantitative Analysis, 1996, 31 (4): 493-512.

[11] Commerford B P, Dennis S A, Joe J R, Ulla J W. Man versus machine: Complex estimates and auditor reliance on artificial intelligence [J]. Journal of Accounting Research, 2022, 60 (1): 171-201.

[12] Daniele S. Towards digital globalization and the COVID-19 challenge [J]. International Journal of Business Management and Economic Research, 2020, 11 (2): 1710-1716.

[13] Ding K, Lev B, Peng X, Sun T, Vasarhelyi M A. Machine learning improves accounting estimates: Evidence from insurance payments [J]. Review of Accounting Studies, 2020, 25 (3): 1098-1134.

[14] DeStefano T, Kneller R, Timmis J. Broadband infrastructure, ICT use and firm performance: Evidence for UK firms [J]. Journal of Economic Behavior & Organization, 2018, 155: 110-139.

[15] Dyreng S , Mayew W J , Williams C D. Religious social norms and corporate financial reporting [J]. Journal of Business Finance and Accounting, 2012, 39 (7) : 845-875.

[16] Elsig M, Klotz S. Digital trade rules in preferential trade agreements: Is there a WTO impact [J]. Global Policy, 2021, 12 (S4): 25-36.

[17] Farrell K A, Whidbee D A . Impact of firm performance expectations on CEO turnover and replacement decisions [J]. Journal of Accounting Economics, 2003, 36 (1): 165-196.

[18] Huang J. The customer knows best: The investment value of consumer opinions [J]. Journal of Financial Economics, 2018, 128 (1): 164-182.

[19] Hsu P H, Tian X, Xu Y. Financial development and innovation: Cross-country evidence [J]. Journal of Financial Economics, 2014, 112 (1): 116-135.

[20] He Z L, Tong T W, Zhang Y, et al. Constructing a Chinese patent database of listed firms in China: Descriptions, lessons, and insights [J]. Journal Economics & Management Strategy, 2018, 27 (3): 579-606.

[21] Hsieh C C, Hui K W , Zhang Y. Analyst report readability and stock returns [J]. Journal of Business Finance & Accounting, 2016, 43 (1-2): 98-130.

[22] Jie Jack H, Tian X. The dark side of analyst coverage: The case of innovation [J]. Journal of Financial Economics, 2013, 109 (3): 856-878.

[23] Kasznik R, McNichols M F. Does meeting earnings expectations matter? Evidence from analyst forecast revisions and share prices [J]. Journal of Accounting Research, 2002, 40 (3) : 727-759.

[24] Goldfarb A, Tucker C. Digital economics [J]. Journal of Economic Literature, 2019, 57 (1): 3-43.

[25] Palmon D, Yezegel A. R&D intensity and the value of analysts' recommendations [J]. Contemporary Accounting Research, 2012, 29 (2): 1-10.

[26] Lee C Y, Chang H Y. How do the combined effects of CEO decision horizon and compensation impact the relationship between earnings pressure and R&D retrenchment? [J]. Technology Analysis & Strategic Management, 2014, 26 (9): 1057-1071.

[27] Liu H, Li S. The impact of urban digital economy development on manu-

facturing innovation efficiency: Evidence from chinese listed manufacturing firms [J]. International Journal of Empirical Economics, 2023, 2 (2): 1-29.

[28] Müller O, Fay M, Brocke J V. The effect of big data and analytics on firm performance: An econometric analysis considering industry characteristics [J]. Journal of Management Information Systems, 2018, 35 (2): 488-509.

[29] Mc Guire S, T Omer, Sharp N. The impact of religion on financial reporting irregularities [J]. The Accounting Review, 2012, 87 (2) : 645-673.

[30] Tan J, Peng M. Organizational lack and firm performance during economic transitions: Two studies from an emerging economy [J]. Strategic Management Journal, 2003, 24 (13) : 1249-1263.

[31] Xu N, Chan K C, Jiang X. Do star analysts know more firm-specific information? Evidence from China [J]. Journal of Banking & Finance, 2013, 37 (1): 89-102.

[32] Yermack D. Corporate governance and blockchains [J]. Review of Finance, 2017, 21 (1): 7-31.

[33] Yu F. Analyst coverage and earnings management [J]. Journal of Financial Economics, 2008, 88 (2): 245-271.

[34] Zhu C. Big Data as a governance mechanism [J]. Review of Financial Studies, 2019, 32 (5): 2021-2061.

[35] Zhang Y , Gimeno J. Earnings pressure and competitive behavior: Evidence from the U. S. electricity industry [J]. The Academy of Management Journal, 2010, 53 (4): 743-768.

[36] 陈德球，胡晴．数字经济时代下的公司治理研究：范式创新与实践前沿 [J]. 管理世界，2022，38 (6)：213-240.

[37] 陈钦源，马黎珺，伊志宏．分析师跟踪与企业创新绩效——中国

的逻辑［J］. 南开管理评论，2017，20（3）：15-27.

［38］董香书，王晋梅，肖翔. 数字经济如何影响制造业企业技术创新——基于“数字鸿沟”的视角［J］. 经济学家，2022（11）：62-73.

［39］戴国强，邓文慧. 分析师关注度对企业投资决策的影响［J］. 金融经济学研究，2017，32（3）：107-116.

［40］方先明，那晋领. 创业板上市公司绿色创新溢酬研究［J］. 经济研究，2020（10）：106-123.

［41］范子英，彭飞，刘冲. 政治关联与经济增长——基于卫星灯光数据的研究［J］. 经济研究，2016，51（1）：114-126.

［42］黄勃，李海彤，刘俊岐，等. 数字技术创新与中国企业高质量发展——来自企业数字专利的证据［J］. 经济研究，2023，58（3）：97-115.

［43］黄鹏，陈靓. 数字经济全球化下的世界经济运行机制与规则构建：基于要素流动理论的视角［J］. 世界经济研究，2021（3）：3-13+134.

［44］韩剑，蔡继伟，许亚云. 数字贸易谈判与规则竞争——基于区域贸易协定文本量化的研究［J］. 中国工业经济，2019（11）：117-135.

［45］韩先锋，宋文飞，李勃昕. 互联网能成为中国区域创新效率提升的新动能吗［J］. 中国工业经济，2019（7）：119-136.

［46］金星晔，左从江，方明月，等. 企业数字化转型的测度难题：基于大语言模型的新方法与新发现［J］. 经济研究，2024，59（3）：34-53.

［47］江鸿，贺俊. 中美数字经济竞争与我国的战略选择和政策安排［J］. 财经智库，2022，7（2）：75-92+145-146.

［48］郭凯明，刘冲. 平台企业反垄断、数字经济创新与产业结构升级［J］. 中国工业经济，2023（10）：61-79.

［49］李春涛，赵一，徐欣，等. 按下葫芦浮起瓢：分析师跟踪与盈余管理途径选择［J］. 金融研究，2016（4）：144-157.

[50] 李春涛，张计宝，张璇．年报可读性与企业创新 [J]．经济管理，2020（10）：156-17.

[51] 李晓娣，饶美仙，巩木．基于变化速度特征视角的我国区域创新生态系统健康性综合评价 [J]．华中师范大学学报（自然科学版），2021，55（5）：696-705.

[52] 刘诚．平台经济全球监管动向与市场竞争取向 [J]．改革与战略，2024（2）：1-11.

[53] 刘诚．数字经济监管的市场化取向分析 [J]．中国特色社会主义研究，2020（Z1）：35-42.

[54] 刘淑春，闫津臣，张思雪，等．企业管理数字化变革能提升投入产出效率吗 [J]．管理世界，2021，37（5）：170-190+13.

[55] 李宗明，苏景州，任保平．数字经济全球化的影响及中国应对研究 [J]．价格理论与实践，2021（11）：163-166+199.

[56] 刘晓孟，周爱民．分析师表现与明星分析师评选——基于“新财富”的准自然实验证据 [J]．系统管理学报，2022，31（2）：329-342.

[57] 黎文靖，郑曼妮．实质性创新还是策略性创新？——宏观产业政策对微观企业创新的影响 [J]．经济研究，2016，51（4）：60-73.

[58] 雷光勇，买瑞东，左静静．数字化转型与资本市场效率——基于股价同步性视角 [J]．证券市场导报，2022（8）：48-59.

[59] 林毅夫．中国经济学理论发展与创新的思考 [J]．经济研究，2017，52（5）：6-10.

[60] 林毅夫，孙希芳，姜烨．经济发展中的最优金融结构理论初探 [J]．经济研究，2009，44（8）：4-17.

[61] 逯东，谢璇，杨丹．乐观的分析师更可能进入明星榜单吗——基于《新财富》最佳分析师的评选机制分析 [J]．南开管理评论，2020，23

（2）：108-120.

［62］姜莱．全球数字经济监管新动向与政策启示［J］．北京师范大学学报（社会科学版），2023（3）：58-65.

［63］彭晓莲．数字经济影响中国经济高质量发展的机理及风险分析［J］．科技经济市场，2023（3）：73-75.

［64］庞金友．数字秩序的“阿喀琉斯之踵”：当代数据治理的迷思与困境［J］．广西师范大学学报（哲学社会科学版），2022，58（5）：11-20.

［65］龚强，张一林，林毅夫．产业结构、风险特性与最优金融结构［J］．经济研究，2014，49（4）：4-16.

［66］任保平，王子月．数字新质生产力推动经济高质量发展的逻辑与路径［J］．湘潭大学学报（哲学社会科学版），2023，47（6）：23-30.

［67］沈玉良，彭羽，高疆，陈历幸．是数字贸易规则，还是数字经济规则？——新一代贸易规则的中国取向［J］．管理世界，2022（8）：67-83.

［68］史丹，聂新伟，齐飞．数字经济全球化：技术竞争、规则博弈与中国选择［J］．管理世界，2023，39（9）：1-15.

［69］孙早，侯玉琳．工业智能化如何重塑劳动力就业结构［J］．中国工业经济，2019（5）：61-79.

［70］宋华，陈思洁．高新技术产业如何打造健康的创新生态系统：基于核心能力的观点［J］．管理评论，2021，33（6）：76-84.

［71］邵新建，洪俊杰，廖静池．中国新股发行中分析师合谋高估及其福利影响［J］．经济研究，2018，53（6）：82-96.

［72］杨松令，牛登云，刘亭立，等．实体企业金融化、分析师关注与内部创新驱动力［J］．管理科学，2019（2）：3-18.

［73］田秀娟，李睿．数字技术赋能实体经济转型发展——基于熊彼特内生增长理论的分析框架［J］．管理世界，2022，38（5）：56-74.

［74］陶锋，朱盼，邱楚芝，等．数字技术创新对企业市场价值的影响研究［J］．数量经济技术经济研究，2023，40（5）：68-91.

［75］王菁，程博，孙元欣．期望绩效反馈效果对企业研发和慈善捐赠行为的影响［J］．管理世界，2014（8）：115-133.

［76］王宇熹，洪剑峭，肖峻．顶级券商的明星分析师荐股评级更有价值么？——基于券商声誉、分析师声誉的实证研究［J］．管理工程学报，2012，26（3）：197-206.

［77］王亚妮，程新生．环境不确定性、沉淀性冗余资源与企业创新——基于中国制造业上市公司的经验证据［J］．科学学研究，2014（8）：1242-1250.

［78］吴非，胡慧芷，林慧妍，等．企业数字化转型与资本市场表现——来自股票流动性的经验证据［J］．管理世界，2021，37（7）：130-144+10.

［79］徐欣，唐清泉．财务分析师跟踪与企业 R&D 活动—来自中国证券市场的研究［J］．金融研究，2010（12）：173-189.

［80］许年行，江轩宇，伊志宏，徐信忠．分析师利益冲突、乐观偏差与股价崩盘风险［J］．经济研究，2012（7）：127-140.

［81］许年行，于上尧，伊志宏．机构投资者羊群行为与股价崩盘风险［J］．管理世界，2013（7）：31-43.

［82］余明桂，钟慧洁，范蕊．分析师关注与企业创新——来自中国资本市场的经验证据［J］．经济管理，2017（3）：175-192.

［83］夏范社，何德旭．明星分析师能识别公司价值吗？——基于分析师研究报告视角［J］．中国软科学，2021（8）：95-109.

［84］薛晓源，刘兴华．数字全球化、数字风险与全球数字治理［J］．东北亚论坛，2022，31（3）：3-18+127.

[85] 阳丹，夏晓兰．媒体报道促进了公司创新吗 [J]．经济学家，2015 (10)：68-77.

[86] 伊志宏，申丹琳，江轩宇．分析师乐观偏差对企业创新的影响研究 [J]．管理学报，2018，15 (3)：382-391.

[87] 杨亭亭，许伯桐．技术创新、分析师跟踪与公司投资价值 [J]．江西师范大学学报（哲学社会科学版），2019，52 (4)：129-137.

[88] 杨松令，牛登云，刘亭立，王志华．实体企业金融化、分析师关注与内部创新驱动力 [J]．管理科学，2019 (2)：3-18.

[89] 杨汝岱．中国制造业企业全要素生产率研究 [J]．经济研究，2015 (2)：61-74.

[90] 杨飞．如何成为明星分析师？分析师上榜新财富决定因素研究 [J]．中央财经大学学报，2016 (11)：47-56.

[91] 张米尔，李海鹏，任腾飞．数字创新的策略性专利行为及相互作用研究 [J]．科学学研究，2022，40 (3)：545-554.

[92] 张杰，郑文平．创新追赶战略抑制了中国专利质量么？ [J]．经济研究，2018，53 (5)：28-41.

[93] 张夏恒，肖林．数字化转型赋能新质生产力涌现：逻辑框架、现存问题与优化策略 [J]．学术界，2024 (1)：73-85.

[94] 张维迎．制度企业家与儒家社会规范 [J]．北京大学学报（哲学社会科学版），2013，50 (1)：16-35.

[95] 张叶青，陆瑶，李乐芸．大数据应用对中国企业市场价值的影响——来自中国上市公司年报文本分析的证据 [J]．经济研究，2021，56 (12)：42-59.

[96] 张天顶，龚同．“数字鸿沟”对 RTA 数字贸易规则网络发展的影响：从“信息鸿沟”到治理壁垒 [J]．中国工业经济，2023 (10)：80-98.

［97］张茉楠．全球数字贸易竞争格局与中国数字贸易国际合作的战略选择［J］．区域经济评论，2022（5）：122-131.

［98］张茉楠．全球数字治理博弈与中国的应对［J］．当代世界，2022（3）：28-33.

［99］赵星，李若彤，贺慧圆．数字技术可以促进创新效率提升吗？［J］．科学学研究，2023，41（4）：732-743.

［100］赵宸宇，王文春，李雪松．数字化转型如何影响企业全要素生产率［J］．财贸经济，2021，42（7）：114-129.

［101］中国科学院科技战略咨询研究院．构建现代产业体系：从战略性新兴产业到未来产业［M］．北京：机械工业出版社，2023：20.

［102］周文，叶蕾．新质生产力与数字经济［J］．浙江工商大学学报，2024（2）：17-28.

致　谢

往事回首，恍如昨日。一路走来，要感谢的人太多，难忘的事太多。正如杨绛先生在《我们仨》中写道：“现在我们三个失散了。往者不可留，逝者不可追；剩下的这个我，再也找不到他们了。”感谢父母，给予我生命，依然记得每次在离别的车站，父母送自己外出求学的场景。可惜后来，父亲却“走散了”，只能在梦里相见，现在车站送我的只剩母亲一个人。感谢硕士导师王凤洲教授，陪我漫长的考博之路，一次次的面试被刷，一次次的推荐与鼓励，从来都是“有求必应”，感谢导师陪我走过一段段煎熬的岁月，也感谢他对我读博期间的学习和关心，身在南京，却难忘在厦门求学的点点滴滴，难忘硕导的谆谆教诲。感谢博士导师冯巧根教授，冯巧根教授治学严谨、勤奋认真。感谢南京大学商学院教师的授课和解疑，特别感谢陈冬华教授、方先明教授、林树教授、李心合教授、苏文兵教授在百忙之中的指导和帮助，感谢会计系对自己的支持和帮助，感谢薛业飞老师、胡春妮老师、温燕娜老师的辛苦工作和默默付出。特别感谢中国社会科学院财经战略研究院博士后指导教师何德旭研究员对本书的指导，何德旭研究员作为中国社会科学院金融领域的著名专家，就本书的提纲、撰写、重点等进行多次辅导，对本书的完善和修改提供了宝贵意见。特别感谢中国海洋大学曹伟副教授，中国社会科学院财经战略研究院曾敏博士后，中国社会科学院财经战略研究院杨明月博士后，南京大学祝娟博士、相加凤博士、朱鹏飞博士、张毓婷博士、杨红娟博士、徐攀博士、魏群博士、钱晓东博士，厦门大学汤晓冬博士，中央财经大学王英允博士，在写作中的解惑与帮助。感谢南京大学郑刚学长所举办的证券分析师培训活动，郑刚学长邀请的新财富明星分析师在南京大学作了精彩讲座，每当在写作进行不下去时，聆听各个行业的新财富明星分析师精彩讲座和解惑，就给自己带来了新的启发。

本书出版过程中，得到上海城建职业学院人事处、工商管理学院等老师的帮助和支持，感谢上海城建职业学院职业本科强师计划项目（AA-05-2024-02-17-01）的支持，特别感谢仓平教授、许晋先处长、陆春华院长、张胜永老师、俞文捷老师、郭亿男老师等帮助。经济管理出版社胡茜老师、乔倩颖老师对本书的撰写、修改、校正等提供大量帮助，在此一并表示感谢！